GUIDE DU PROMENEUR

AU

JARDIN ZOOLOGIQUE

D'ACCLIMATATION

CONTENANT :

UNE SÉRIE DE NOTICES EXPLICATIVES SUR TOUS LES ANIMAUX ET LES VÉGÉTAUX QUI Y EXISTENT, AVEC L'INDICATION DE LEUR PATRIE, DE LEURS MOEURS ET DE LEURS USAGES.

PRIX : 1 FRANC

SE VEND
AU JARDIN ZOOLOGIQUE D'ACCLIMATATION
DU BOIS DE BOULOGNE

DÉCEMBRE 1862

GUIDE DU PROMENEUR

AU

JARDIN ZOOLOGIQUE

D'ACCLIMATATION

PARIS. — DE SOYE ET BOUCHET, IMPRIMEURS, PLACE DU PANTHÉON, 2.

GUIDE DU PROMENEUR

AU

JARDIN ZOOLOGIQUE

D'ACCLIMATATION

CONTENANT

UNE SÉRIE DE NOTICES EXPLICATIVES SUR TOUS LES ANIMAUX ET LES VÉGÉTAUX QUI Y EXISTENT, AVEC L'INDICATION DE LEUR PATRIE, DE LEURS MOEURS ET DE LEURS USAGES.

PRIX : 1 FRANC

SE VEND
AU JARDIN ZOOLOGIQUE D'ACCLIMATATION
DU BOIS DE BOULOGNE

DÉCEMBRE 1862

JARDIN ZOOLOGIQUE

D'ACCLIMATATION

DU BOIS DE BOULOGNE

Président d'honneur :

Son Altesse impériale le prince NAPOLÉON.

Conseil d'administration :

MM.

Le baron JAMES DE ROTHSCHILD, *Président honoraire.*

DROUYN DE LHUYS, ministre des affaires étrangères, *Président.*

Le prince M. DE BEAUVAU, député,	*Vice-Présidents.*
FRÉDÉRIC JACQUEMART,	
ANTOINE PASSY,	

Le comte d'ÉPRÉMESNIL, membre du Conseil général de l'Eure, *Secrétaire général.*

DUMÉRIL, professeur-administrateur au Muséum d'histoire naturelle,	*Secrétaires.*
E. DUPIN, inspecteur des chemins de fer,	

Ernest ANDRÉ, député au Corps législatif.

PAUL BLACQUE, banquier.

BLOUNT, banquier, administrateur des chemin de fer.

J. CLOQUET, de l'Institut.

COSSON, secrétaire de la Société botanique de France.

COSTE, de l'Institut.

F. DAVIN, manufacturier.

DEBAINS, propriétaire.

Le duc DE FITZ-JAMES.

FLURY-HÉRARD, consul général de Perse, banquier du Corps diplomatique.

GERVAIS (de Caen), directeur de l'École supérieure de commerce.
MOQUIN-TANDON, de l'Institut.
MICHEL POISAT.
POMME, ancien agent de change.
Le vicomte de LA ROCHEFOUCAULD.
Le baron ALPHONSE DE ROTHSCHILD.
RUFFIER, ancien agent de change.
RUFZ DE LAVISON, ancien président du conseil général de la Martinique, directeur du Jardin d'acclimatation.
Le baron DE SAINT-PIERRE.
Le baron SÉGUIER, de l'Institut.
PAUL SÉGUIN.
Le marquis DE SELVE, membre du Conseil général de Seine-et-Oise.
Le comte de SINETY.
Le marquis DE TORCY.
Le marquis DE VIBRAYE.
Le prince DE WAGRAM.

Membres adjoints :

DE BELLEYME, juge au tribunal de la Seine.
GUÉRIN-MÉNEVILLE, membre de la Société impériale et centrale d'agriculture.
DE MONTIGNY, consul général de France en Chine.
RICHARD (du Cantal).
Le marquis SÉGUIER.
Le Docteur SOUBEIRAN.

Direction :

Le docteur RUFZ DE LAVISON, *Directeur.*
ALBERT GEOFFROY SAINT-HILAIRE, *Directeur adjoint.*
H. COURNOL, *Agent comptable.*
JULES PINÇON, *Caissier.*
ANTOINE QUIHOU, *Jardinier en chef.*
ALEXANDRE MERCIER, *Inspecteur surveillant.*

DAMES PATRONNESSES

DU JARDIN D'ACCLIMATATION DU BOIS DE BOULOGNE.

SA MAJESTÉ L'IMPÉRATRICE DES FRANÇAIS.
S. A. I. Madame la princesse CLOTILDE.
S. A. I. Madame la princesse MATHILDE.
S. A. Madame la princesse Julie BONAPARTE, marquise de ROCCAGIOVINE.

Mmes ALFONSO.
D'ANDECY.
Ernest ANDRÉ.
ARTAUD.
BARING.
BAROCHE.
la duchesse de BASSANO.
la baronne BAUDE.
Élie DE BEAUMONT.
la princesse MARC DE BEAUVAU.
BEHIC.
Charles DE BELLEYME.
la marquise BETHISY.
Paul BLACQUE.
Arthur BLACQUE.
Édouard BLOUNT.
Mlle ROSA BONHEUR.
Mmes BOITELLE.
la baronne DE BRIMONT.
Mlle la princesse Justine DE CASTELCICALA.
Mmes Chaix D'EST-ANGE.
la vicomtesse CLARY.
Jules CLOQUET.
la marquise DE COLBERT-CHABANNAIS.

Mes Ernest COSSON.
la comtesse COWLEY.
la princesse DE CRAON.
DAVIN.
DEBAINS.
DELANGLE.
DROUYN DE LHUYS.
DUMAS.
Auguste DUMÉRIL.
Eugène DUPIN.
la comtesse D'ÉPRÉMESNIL.
la princesse D'ESSLING.
la duchesse DE FITZ-JAMES.
FLEURY.
FLURY-HÉRARD.
Achille FOULD.
FURTADO.
la vicomtesse DE GALARD.
GAREAU.
GAUDIN.
la duchesse HAMILTON.
la baronne HAUSSMANN.
la marquise D'HAUTPOUL.
HEINE.
Frédéric JACQUEMART.
LE BOEUF.
la duchesse DE MAILLÉ.

Mes Marquès Lisboa.
de Maupassant.
la princesse de Metternich.
la comtesse de Mniezech.
la marquise de Montalambert.
Moitessier.
la duchesse de Montebello.
Remy de Montigny.
Moquin-Tandon.
la comtesse de Mosbourg.
la comtesse d'Oraison.
la duchesse de Padoue.
Paillard de Villeneuve.
la vicomtesse de Païva.
Antoine Passy.
Isaac Péreire.
la comtesse de Persigny.
Mlle Laure Pomme.
Mmes la comtesse de Pourtalès.
la comtesse Constance de Rayneval.
la vicomtesse de La Rochefoucault.
Firmin Rogier.
la baronne de Roman Kaïsareff.
la baronne James de Rothschild.

Mes la baronne Alphonse de Rothschild.
Rouher.
de Royer.
Ruffier.
Rufz de Lavison.
la baronne de Saint-Didier.
la maréchale de Santa-Cruz.
Jules de Saux.
Schneider.
la baronne Seebach.
la marquise Séguier de Saint-Brisson.
Charles Séguin.
Paul Séguin.
la marquise de Selve.
la comtesse de Sinety.
la duchesse de Sotomayor.
la princesse Stourdza.
la comtesse Tascher de la Pagerie.
la vicomtesse Terray de Morel-Vindé.
Thouvenel.
Troplong.
la duchesse de Valençay.
la marquise de Vibraye.
la comtesse Walewska.
la baronne de Wendland.

NOTICE

SUR

LE JARDIN ZOOLOGIQUE

D'ACCLIMATATION

Le Jardin zoologique du bois de Boulogne est destiné « à appliquer et propager les vues de la Société « impériale zoologique d'acclimatation, avec le con- « cours et sous la direction de cette Société; par con- « séquent à acclimater, multiplier et répandre dans le « public toutes les espèces animales ou végétales qui « sont ou qui seraient nouvellement introduites en « France et paraîtraient dignes d'intérêt par leur uti- « lité ou par leur agrément. » (Art. 2 de l'arrêté de concession.)

Le Jardin zoologique du bois de Boulogne est donc l'école pratique de l'enseignement et des expériences de la Société impériale d'acclimatation. C'est la réalisation de son programme. Dès l'origine de cette Société, 10 mai 1854, ses fondateurs annoncèrent dans les statuts que, pour atteindre le but qu'ils se proposaient, la création d'établissements spéciaux était indispensable. C'est qu'en effet il ne suffit pas de transporter les animaux et les végétaux d'un pays dans un autre, pour les y acclimater; il faut encore qu'ils y trouvent les conditions sans lesquelles ils ne sauraient vivre, une hospitalité convenable, un climat approprié à leur constitution et des soins intelligents. Or, c'est là ce qui a trop souvent fait défaut dans le passé ; et ce serait une longue et triste liste que celle des animaux et des végétaux exotiques qui, importés en Europe ou ailleurs, n'y ont eu qu'une existence éphémère et n'y ont même pas laissé de souvenir. Ainsi, ce n'est point assez que des hommes animés de l'amour du bien public scrutent les divers pays du globe pour enrichir nos jardins, nos champs et nos bois, il faut que leur œuvre soit accueillie et continuée par d'autres non moins zélés, et, ce qui est aussi essentiel, qu'elle trouve des conditions matérielles qui en assurent la réussite.

Dans cette vue, quelques établissements furent créés dans les Alpes et en d'autres lieux par les soins des Sociétés régionales d'acclimatation établies à Grenoble et à Nancy, et en Auvergne, par la Société mère elle-même, qui possède dans le département du Cantal la ferme dite de Souillard, important dépôt d'animaux. Mais cette localité n'est propre qu'à l'élevage des animaux de montagne, et, pour les autres espèces, la Société impériale d'acclimatation n'avait pu qu'entreprendre, chez quelques-uns de ses membres, des essais faits sur une trop petite échelle pour donner de grands résultats, loin d'ailleurs de la surveillance et des moyens d'action de la Société. Tout le monde comprit que c'était à Paris, siége de la Société, rendez-vous général des hommes éclairés de tous les pays, centre de toutes les grandes impulsions, que devait être l'établissement capital de la Société. On fit appel au principe de l'association, si fécond en grands résultats; une souscription fut ouverte au capital d'un million, et divisée en 4,000 actions. Plus de la moitié de ces actions fut souscrite par les membres de la Société d'acclimatation qui, après avoir conçu la pensée du Jardin, voulurent encore le doter richement.

S. M. l'Empereur et S. A. I. le prince Napoléon honorèrent l'entreprise de leur haut patronage.

Dès l'année 1858, une concession de quinze hectares et demi avait été faite dans le bois de Boulogne, par la ville de Paris, à cinq membres du bureau de la Société : MM. Isidore Geoffroy Saint-Hilaire, président de la Société, le prince Marc de Beauvau, Drouyn de Lhuys, Antoine Passy, vice-présidents, et le comte d'Éprémesnil, secrétaire général.

L'Empereur voulut bien, de sa main, agrandir le tracé de cette concession, et en porta les limites jusqu'à près de vingt hectares.

Après les études préparatoires faites par M. Davioud, architecte de la ville, et approuvées par un conseil composé de trente-quatre des principaux actionnaires, on se mit à l'œuvre en juillet 1859. La direction des travaux fut d'abord confiée, sous la surveillance d'un Comité choisi parmi les membres du conseil d'administration, à l'habile directeur du Jardin zoologique de Londres, M. Mitchell, qui était venu offrir ses services pour l'établissement du nouveau Jardin. Une mort soudaine ayant enlevé M. Mitchell, après quelques mois (le 1er novembre 1859), le Comité s'est chargé lui-même de diriger les travaux. Ce Comité se composait, avec les cinq membres du bureau concessionnaire, de MM. E. André, Debains, Frédéric Jacquemart, Pomme, Ruffier, le comte de Sinety et Albert Geoffroy Saint-Hilaire, secrétaire du Comité, qui fut chargé, en cette qualité, de la direction provisoire.

MM. Debains, Jacquemart et Albert Geoffroy Saint-Hilaire s'occupèrent plus particulièrement des plans et de leur exécution; MM. Isidore Geoffroy Saint-Hilaire, Pomme, le comte d'Éprémesnil et Albert Geoffroy Saint-Hilaire, de la formation du premier noyau de la collection des animaux.

Les travaux pour les constructions restèrent confiés à M. Davioud; pour les dessins et la disposition du Jardin, M. Barillet-Deschamps, architecte paysagiste du bois de Boulogne, sous la haute direction de M. Alphan, ingénieur en chef des promenades et plantations de la ville de Paris, prêta à l'entreprise le concours de sa grande expérience.

Quinze mois avaient suffi à l'accomplissement des travaux; et un monument, suivant l'expression d'un des zélés fondateurs de l'entreprise, M. Drouyn de Lhuys, « était élevé à la zoologie et à la botanique (1). »

Le 1er août 1860, M. le docteur Rufz de Lavison, ancien président du Conseil général de la Martinique, fut nommé directeur du Jardin et chargé de l'organisation des services; et à M. Albert Geoffroy Saint-Hilaire, directeur adjoint, fut confié spécialement ce qui concerne l'installation, l'hygiène, l'éducation et la propagation des animaux.

Le 6 octobre, S. M. l'Empereur voulut bien honorer

(1) Discours à la séance solennelle de février 1860.

de sa présence l'inauguration du Jardin, et le public y fut admis le 9 du même mois.

Le Jardin zoologique est situé dans cette partie du bois de Boulogne qui s'étend entre la porte des Sablons et la porte de Madrid, le long du boulevard Maillot, dont il est séparé par le saut de loup et par le chemin dit des Érables. Il a la forme d'une longue ellipse. A l'extrémité Est, près de la porte des Sablons, se trouve l'entrée principale ; et à l'extremité Ouest, près de la porte de Madrid, une entrée sur Neuilly (St-James).

Le plan général est un vallon à pentes insensibles, dont le milieu est occupé par une rivière qui, sur plusieurs points de son parcours, s'élargit en bassins où s'ébattent en liberté les oiseaux d'eau les plus variés.

Le côté droit (ou nord) en entrant, dont les constructions regardent le midi, a été réservé aux animaux habitués à de douces températures. C'est là qu'on voit la magnanerie pour les diverses sortes de vers à soie, dont l'introduction en Europe est due à la Société d'acclimatation ; vers à soie du ricin, de l'ailante et du chêne placés à côté des vers du mûrier. Les dispositions adoptées permettent au public d'étudier ces animaux sans leur nuire. Autour de la magnanerie sont des plantations de mûriers, d'ailantes, de ricins et de chênes.

Plus loin on trouve la grande volière, composée de 21 logements, chacun avec un parquet, et de deux pavillons carrés en grillages ; derrière est une infirmerie pour les oiseaux, et à côté trois parquets d'élevage pour les couvées de prix. On passe après à la poulerie contenant 28 logements avec autant de parquets devant et derrière. Cette poulerie est un vaste monolithe circulaire obtenu par le ciment Coignet, imperméable à l'humidité, et ne laissant aucune fissure où les insectes puissent se loger.

Puis vient le bâtiment destiné aux kangurous.

Le grand bâtiment, qui est au centre du Jardin, renferme les écuries partagées en dix boxes pour les grands mammifères, hémiones, zèbres, yaks, zébus, tapirs, etc., etc. Au centre de ce bâtiment est un pavillon à balcon, dont le rez-de-chaussée est occupé par le buffet; le premier étage est un lieu d'exhibition pour différents appareils destinés à l'incubation artificielle des œufs; derrière est une infirmerie pour les mammifères et le logement de leur gardien.

Le côté gauche du Jardin (ou sud) présente, en remontant des grandes écuries vers l'entrée, un rucher où l'on peut voir le travail des différentes espèces d'abeilles et les différentes sortes de ruches où s'accomplit ce travail; un Jardin d'essai pour les plantes nouvellement introduites et l'aquarium, établissement d'un genre nouveau, construit sous la direction de M. Lhoyd qui jouit pour ces sortes de travaux d'une réputation spéciale. Cet aquarium, beaucoup plus considérable que celui de Londres, consiste en 14 bacs de 1^{m}, 80 de long sur 1 mètre de large chacun, fermés par des glaces à travers lesquelles on peut observer les animaux marins ou d'eau douce les plus intéressants et les plus singuliers, et étudier les mouvements et les mœurs, de ces êtres qu'on n'avait guère vus jusqu'à présent que dans les armoires des musées. Les bacs que l'on voit, dans le même bâtiment, à côté de l'aquarium, sont des appareils de pisciculture.

A l'aide d'une machine à pression disposée derrière cet aquarium, l'eau de mer est distribuée dans les divers compartiments, puis reprise, revivifiée, ramenée à une température convenable et rendue propre à la vie des animaux.

Viennent ensuite les fabriques destinées aux mammifères, cerfs, antilopes, lamas, moutons, chèvres, tatous, etc., etc. Ces fabriques, et d'autres que l'on aperçoit en diverses parties du Jardin, et qui servent de logement aux grands échassiers, sont entourées de plus de soixante parcs enclos d'un grillage léger et solide, qui, tout en retenant les animaux, leur permet de courir en liberté, de porter leurs regards dans l'épaisseur du bois de Boulogne et de se croire au milieu de leurs forêts natales.

Au centre de l'un de ces parcs s'élève un rocher artificiel percé, à sa base, d'une grotte qui sert de passage et de lieu de repos pour les promeneurs, et dont le sommet présente souvent des mouflons à manchettes et des mouflons de Corse qui s'y suspendent pittoresquement.

Le grand bâtiment vitré que l'on voit, en retour, à gauche près de l'entrée principale, renferme la grande serre ou jardin d'hiver; c'était autrefois la serre des frères Lemichez, admirée par la population parisienne au village de Villiers, sous le nom de palais des fleurs. Cette serre a éte agrandie et embellie depuis sa transplantation au Jardin zoologique. Un salon de lecture chauffé en hiver occupe l'une de ses extrémités; à l'autre est l'entrée principale indiquée par la marquise qui la recouvre. Les petites serres que l'on voit alentour sont des serres de reproductions destinées à l'entretien de la grande.

Cette installation de serres n'avait pas été primitivement comprise dans le plan du Jardin. C'est à une souscription particulière que l'établissement doit cet embellissement destiné à conserver aux yeux le plaisir des fleurs et de la végétation, alors que tous les autres jardins en sont dépouillés. Pendant les mois de janvier et de février la floraison des camélias fait de cette promenade chauffée un des lieux les plus curieux et les plus intéressants du jardin.

S. M. l'Impératrice a bien voulu assister à l'inauguration des serres le 15 février 1861, et le lendemain, elles ont été ouvertes au public.

Des conférences pendant la saison d'été, faites par ceux de MM. les membres de la Société d'acclimatation qui veulent bien prêter leur concours à l'œuvre, font connaître le but que se propose la Société, tiennent au courant des expériences en voie d'exécution, et fournissent sur les animaux et les plantes qui se trouvent au Jardin tous les renseignements utiles à leur acclimatation.

Tel est présentement le Jardin zoologique du bois de Boulogne (1). Mais pour compléter la pensée de ses fon-

(1) Le Jardin zoologique n'a pas entrepris d'acclimater, dans les limites de l'espace qu'il occupe au bois de Boulogne, tous les animaux et toutes les plantes utiles que contient l'Univers ; ce Jardin n'est qu'un exemple de ce qui peut être tenté dans cette voie. En plaçant sous les yeux du public,

dateurs et répondre à la bienveillance dont il a été constamment honoré par l'Empereur, le Jardin zoologique d'acclimatation, sans s'écarter du but spécial qu'il se propose, veut prendre une part immédiate dans les grands services que le règne de Napoléon III rend chaque jour à l'agriculture française ; c'est dans ce but que l'administration du Jardin vient d'obtenir, en addition à ses statuts, le droit *de répandre, par des expositions et des ventes, les animaux et les végétaux de choix, d'origine française et étrangère.* Car le perfectionnement des espèces déjà acquises lui a toujours paru aussi important que l'acclimatation des espèces nouvelles ; et elle estime que transporter dans les provinces du Midi ou de l'Est les

comme dans une montre d'étalage, les richesses nouvelles qu'il est possible d'acquérir, on espère inspirer, par leur vue, aux personnes éclairées le désir de tenter, en d'autres lieux du monde, de semblables essais. Il est à souhaiter que dans les principales villes de la France et de l'étranger, surtout dans les villes maritimes et dans les localités de plaines et de montagnes, il soit créé de semblables jardins qui soient, pour ces villes, tout à la fois des établissements d'utilité et d'agrément. Les études d'acclimatation se feraient ainsi dans les conditions climatologiques les plus diverses; ce qui est le seul moyen de savoir quels sont les sols et les climats les plus favorables à telles ou telles espèces végétales ou animales. Des Jardins d'acclimatation ainsi échelonnés dans toute la France ou plutôt dans tout l'Univers constitueraient une sorte d'association cosmopolite dont les grandes capitales seraient les centres. Ils serviraient d'intermédiaires pour se procurer sûrement et avec facilité les espèces dont on voudrait expérimenter l'acclimatation, suppléeraient à l'insuffisance individuelle des particuliers, favoriseraient merveilleusement les échanges et seraient tout à la fois des stations d'attente, des écoles d'expériences des marchés effectifs et des agences de renseignements.

belles races bovines, ovines et chevalines qui font la richesse de celles du Nord ou de l'Ouest, c'est encore acclimater. Pour atteindre ce but, les projets d'une grande vacherie, d'une bergerie et d'une porcherie, et même d'un chenil (on se plaint généralement que les bonnes races de chiens disparaissent), sont à l'étude.

Tel sera le complément du jardin zoologique du bois de Boulogne, créé, comme l'a si bien dit M. Isidore Geoffroy Saint-Hilaire, avec le concours de tous, dans l'intérêt de tous, et j'ajouterai, placé à la garde de tous.

Le Directeur,

RUFZ DE LAVISON.

AVERTISSEMENT.

Nous avons rangé, dans ce guide les animaux à peu près dans l'ordre des familles naturelles; mais comme il aurait été impossible de conserver ce même ordre dans l'arrangement du Jardin, à cause des fréquents changements de place qu'exige la santé des animaux, l'Administration, pour faciliter les recherches, a fait placer, sur chaque enclos ou parc, une étiquette portant le nom de l'animal en français et en latin. Ainsi, pour trouver la description de l'animal qu'il désire étudier, le lecteur n'aura qu'à en chercher le nom à la table alphabétique, à la fin du volume. D'ailleurs, la notice qui précède cet avertissement fait connaître la topographie du Jardin, et les parties plus spécialement consacrées à telle ou telle classe d'animaux.

P. VAVASSEUR,

Docteur en médecine de la Faculté de Paris,
Membre de la Société impériale zoologique d'acclimatation.

MAMMIFÈRES

I. CARNASSIERS.

CHIEN DOMESTIQUE. (Canis domesticus.)

Allemand : *Der Haushund.* — Anglais : *The Dog.* — Espagnol : *El Perro.* — Italien : *Il Cane.*

Le chien, dont la domestication se perd dans la nuit des temps, est la conquête la plus complète et la plus utile que l'homme ait faite sur les animaux sauvages. Fidèle compagnon de l'homme auquel il s'est entièrement dévoué, il est pour lui un gardien fidèle de sa maison et de sa propriété et un défenseur intrépide dans le danger. Il l'a suivi dans tous les pays et sous tous les climats, et semble n'avoir qu'un besoin, qu'une passion, c'est l'affection et le dévouement pour son maître. C'est sans contredit le plus intelligent des quadrupèdes, sans en excepter l'éléphant.

Les mombreuses races de chiens si différentes les unes des autres, répandues dans le monde entier, descendent-elles d'une espèce unique perdue, du loup ou du chacal; ou bien y avait-il, avant la domestication du premier chien, plusieurs espèces distinctes? C'est ce qu'il est impossible de dire. Toujours est-il que, dans tous les climats et quelles que soient les variations de tailles, de formes, etc., elles ont des caractères communs, et elles se reproduisent entre elles en donnant des métis féconds.

Les instincts de ces diverses races, quoique tendant tous à un but commun, sont cependant très-variés et les rendent propres, les unes plus que les autres, aux différents services que l'homme exige d'elles. Les unes gardent ses troupeaux, les autres sa maison ; d'autres l'aident à la chasse ; d'autres lui servent de compagnon, etc. L'éducation et des soins assidus ont puissamment développé les inctincts particuliers à chacune d'elles ; aussi existe-t-il aujourd'hui un grand nombre de race est de variétés de races que l'on cultive avec le plus grand soin pour les appliquer à tous nos besoins.

L'administration du jardin a compris combien il serait intéressant de réunir les types des différentes races utiles ou d'agrément, et s'occupe en ce moment avec activité à compléter cette collection. Elle se propose de faire, au printemps prochain, une exposition aussi complète que possible de ces animaux, comme elle l'a déjà fait pour les oiseaux de basse-cour. En ce moment, quelques types seulement existent au jardin, parmi lesquels on remarque :

Le Chien du Saint-Bernard, si connu par son intelligence et les services qu'il rend aux voyageurs égarés dans les neiges.

Le Chien des Pyrénées, *Cur dog* des Anglais, très-voisin du précédent, et qui sert à défendre les troupeaux dans les pays de montagnes.

Le Chien chinois, qui provient du palais d'Eté de l'Empereur la Chine, et qui est remarquable par ses jambes un peu torses et très-basses, la longueur de son corps, ses poils longs et soyeux et son museau camard, à peu près comme celui du carlin.

II. PACHYDERMES.

CHEVAL DOMESTIQUE. (Equus caballus.)

Allemand : *Das Pferd.* — Anglais : *The Horse.* — Espagnol : *El Caballo.* Italien : *Il Cavallo.*

1. RACE DE SIAM.

Donnés par S. M. l'Empereur, qui les a reçus de S. M. le 1er roi de Siam.

Cette race de petite taille (1^m^14), remarquable par l'élégance de ses formes, et sa robe isabelle à crins noirs, est propre au royaume de Siam et se trouve aussi au Pégu.

2. RACE NAINE DES ILES SHETLAND.

(EQUUS PUSILLUS SHETLANDICUS.)

Allemand : *Das Shetlandische Pferd.*—Anglais : *The Shetland's Poney.* — Espagnol *El Caballo enano Sheilandense.* — Italien : *Il Cavallo dell' isole di Shetland.*

Cette race, la plus petite que l'on connaisse, vit à demi sauvage dans les vastes marécages des îles du nord de l'Écosse et spécialement des Shetland. Vifs et ardents, capables de supporter les plus grandes fatigues, ces chevaux sont d'une sobriété extrême et presque insensibles aux intempéries.

5. RACE NAINE DE JAVA.

(EQUUS PUSILLUS JAVANENSIS.)

Allemand : *Das javanische Pferd.* — Anglais : *The Javan's Poney.* — Espagnol : *Il Caballo enano javanès.* — Italien : *Il Cavallo dell' isola di Java.*

Elle est propre aux îles de la Sonde et particulièrement de Java, et a moins de force que la précédente.

De ces deux dernières races, un poulain est né au Jardin.

DAUW ou ZÈBRE DE BURCHELL. (EQUUS BURCHELLII.)

Anglais : *The Burchell's Zebra.* — Espagnol : *La Cebra de Burchell.* — Italien *Il Cavallo Zebra di Burchell.*

Cet animal, propre aux parties montagneuses de l'Afrique centrale, est remarquable par la couleur de sa robe, la brièveté relative de ses oreilles et par sa vigueur. Il est moins rayé que le zèbre proprement dit, mais plus que son congénère le couagga, qui habite les mêmes contrées. On est parvenu à le dompter, et l'individu que possède le Jardin se laisse conduire avec docilité.

Une paire de ces animaux, qui a existé au Muséum d'histoire naturelle, s'y est reproduite jusqu'à la troisième génération, et dès la seconde leur acclimatation était complète.

HÉMIONE. (EQUUS HEMIONUS.)

Allemand : *Das Dschiggetai* oder *Hemionus.* — Anglais : *The Dziggetai.* — Espagnol : *El Hemione.* — Italien : *Il Cavallo emione.*

Ces animaux proviennent du Muséum d'histoire naturelle, où ils sont nés.

L'hémione vit en troupes, composées d'un mâle et d'une

vingtaine de femelles ou de jeunes individus, dans les vastes déserts de la Tartarie orientale et de l'Inde. Sa vélocité à la course est si grande qu'elle est passée en proverbe dans les pays qu'il habite.

Une défiance extrême, une pétulance et une mobilité presque continuelles, ont fait longtemps regarder sa domestication comme impossible ; cependant il n'a fallu que quelques mois pour dompter et pour dresser parfaitement au travail un de ces animaux.

Le premier individu qui ait paru en France était une femelle envoyée, en 1835, à la ménagerie du Muséum par M. Dussumier. En 1838, le même voyageur fit parvenir à cet établissement un mâle et une femelle adultes. Depuis lors, ces animaux y ont vécu, et s'y sont régulièrement reproduits. Des croisements avec des ânesses, essayés dès 1840, ont donné pour résultat des métis participant des caractères du père et de la mère. L'hémione et ses métis sont appelés à prendre rang parmi nos animaux auxiliaires, entre le cheval et l'âne.

MÉTIS D'HÉMIONE & D'ANESSE.

Donnés par MM. Audy et Debains.

Ces animaux très-remarquables, obtenus en France et provenant des individus qui existent à la ménagerie du Muséum d'histoire naturelle de Paris, sont susceptibles de rendre d'excellents services comme bêtes de somme et de trait. Celui qu'a offert M. Audy lui a servi longtemps de cheval de cabriolet et était la monture ordinaire de son fils, enfant de dix à douze ans. Deux autres, attelés à un char à bancs, font journellement dans Paris les commissions de l'établissement.

TAPIR D'AMÉRIQUE. (TAPIRUS AMERICANUS.)

Allemand : *Der Tapir.* — Anglais : *The American Tapir.* — Espagnol : *El Anta.* — Italien : *Il Tapiro Anta.*

Donné par M. Bataille.

Le tapir, qui se trouve dans les Guyanes, au Brésil et au Paraguay, vit ordinairement solitaire dans l'intérieur des grandes forêts et ne sort guère que la nuit pour chercher sa nourriture, qui consiste en fruits et en racines.

Naturellement doux et timide, cet animal, pris jeune s'apprivoise facilement et devient tout-à-fait familier. Considéré longtemps comme un objet de curiosité, le tapir a vécu très-bien en Europe, mais ne s'y est jamais reproduit. Ce pachyderme, tout aussi aisé à nourrir que le cochon, dont la chair abondante et de bonne qualité est très-recherchée au Brésil et à la Guyane, et dont le cuir est meilleur que celui du bœuf, mériterait qu'on s'occupât sérieusement de son acclimatation parmi nous.

PÉCARI A COLLIER. (DICOTYLES TORQUATUS.

Allemand : *Der halsringe Nabelschwein.* — Anglais : *The Collared Pecary.* — Espagnol : *El Tajasú ó Jabalí con collar.* — Italien : *Il Dicotile con collare.*

Donnés par MM. Bataille et Baraquin.

Propre à l'Amérique du Sud et commun au Paraguay et à la Guyane, le pécari a la forme et les apparences extérieures d'un jeune sanglier ; mais il est beaucoup plus petit. Il vit dans les bois, par paires ou en petites troupes et se retire dans le creux des arbres ou dans les trous creusés par d'autres animaux, où la femelle dépose ordinairement deux petits. Il se nourrit, comme le cochon, de fruits et de racines, qu'il déterre avec son grouin allongé et très-mobile.

Très-facile à apprivoiser, cet animal vit en bonne intelligence avec les animaux de basse-cour. Sa chair est tendre et de bon goût, mais il faut avoir soin, au moment où l'on tue l'animal, d'enlever une glande qu'il porte à la région lombaire, et d'où suinte une humeur d'une odeur fort désagréable.

PÉCARI A LÈVRES BLANCHES. (DICOTYLES LABIATUS.)

Allemand : *Der grüne Nabelschwein.* — Anglais : *The White'lipped Pecary.* — Espagnol: *El Tajasúr tagúicoti.* — Italien : *Il Dicotile labbrato.*

Donné par M. Bataille.

Plus grand que le précédent et presque entièrement noir,

il vit comme lui, en bandes considérables dans les solitudes de l'Amérique du Sud, surtout dans les parties boisées.

DAMAN DU CAP. (HIRAX CAPENSIS.)

Allemand : *Der Klippendachs.* — Anglais : *The Hyrax.* — Espagnol : *La Marmota del Cabo.*

Donné par Son Excellence Sir Georges Grey.

Cet animal, de la taille de la marmotte, avec laquelle il a quelque ressemblance, habite la côte orientale de l'Afrique et s'étend jusqu'en Abyssinie et dans la Terre Sainte. Il se tient de préférence dans les lieux rocailleux; se retire dans le creux des rochers et aime à se cacher dans les trous les plus étroits. Il se nourrit de substances végétales.

La chair du daman, très-bonne à manger, sert de nourriture aux Arabes.

III. RUMINANTS.

GUANACO ou **LAMA SAUVAGE.** (AUCHENIA GUANACO.

Allemand : *Der Guanaco* oder *Huanaco.* — Anglais : *The Huanaco.* — Espagnol *El Guanaco.* — Italien : *Il Guanaco.*

Un des mâles a été donné par MM. Péreire et Antide Martin.

LAMA. (AUCHENIA LAMA.)

Allemand : *Der Lama.* — Anglais : *The Llama.* — Espagnol : *La Llama.* Italien : *Il Lama.*

ALPACA (AUCHENIA PACOS.)

Allemand : *Der Paco.* — Anglais : *The Alpaca.* — Espagnol : *El Alpaca.* — Italien : *Il Alpaca.*

Cet animal provient du troupeau amené par M. Roehn pour la Société zoologique impériale d'acclimatation.

Lorsque les Espagnols firent la conquête de l'empire des Incas, ils trouvèrent dans ces pays quatre espèces d'animaux fort semblables entre eux, et qu'en raison d'une gros-

ṣière ressemblance avec le mouton domestique, ils appelè-
ʳent *Moutons du pays* (*Carneros de la tierra*).

Deux de ces espèces, le lama et l'alpaca, étaient depuis un :emps immémorial, à l'état de domesticité entre les mains des ndigènes; les deux autres, le guanaco et la vigogne, vivaient ı l'état sauvage.

Le LAMA, qu'on ne trouve jamais à l'état sauvage, vit dans les ·égions élevées des Andes, en troupeaux plus ou moins nom-›reux appartenant aux Indiens qui, ainsi qu'autrefois, s'en ervent comme de bêtes de somme. C'est un animal doux et raintif, qui, lorsqu'il est irrité ou effrayé, n'a d'autre dé-ənse que de cracher à la figure de son ennemi une salive erdâtre et de mauvaise odeur.

La chair du lama est très-bonne à manger; sa toison très-bondante sert à faire des couvertures et des tissus très-hauds; enfin sa peau s'emploie à divers usages et remplace vantageusement celle du mouton.

L'ALPACA vit dans les mêmes conditions que le lama, dont ne diffère que par sa taille un peu moindre et par sa toison ›ngue et soyeuse qui atteint un très-grand degré de finesse. ımais non plus on ne le trouve à l'état sauvage. Sa laine ərt, comme autrefois, à fabriquer de belles étoffes, et est əvenue l'objet d'un commerce fort important.

Le GUANACO vit à l'état sauvage, en troupes nombreuses, ıns les Andes de la Bolivie et du Chili, où il se tient à des titudes moyennes, mais d'où il descend volontiers; car ı le trouve assez communément dans les plaines désertes ; l'extrémité méridionale de l'Amérique. Il diffère principa-ment du lama par la couleur uniforme de sa robe d'un uve rougeâtre, tandis que celle de son congénère, de même ıe celle de l'alpaca, est sujette à varier. Le caractère de cet ıimal est vif, remuant et très-craintif, aussi est-il difficile apprivoiser. Les Indiens lui font une chasse acharnée pour chair qu'ils aiment beaucoup et pour sa peau, dont ils se nt des manteaux fort riches et fort chauds.

Enfin la VIGOGNE (nous croyons devoir dire quelques mots r ce précieux animal, quoi qu'il n'existe plus au jardin, où nous espérons qu'il sera bientôt remplacé) vit, comme le guanaco, à l'état sauvage dans les régions les plus élevées des Andes, sur les limites des neiges perpétuelles, en troupes plus ou moins nombreuses et dans les lieux les plus inaccessibles. Autrefois très-abondante, cette espèce devient de plus en plus rare et menace même de disparaître tout-à-fait, en raison de la chasse barbare que lui font les indigènes, pour se procurer sa chair et surtout sa laine qui, fine et douce comme le cachemire, est très-recherchée et obtient des prix fort élevés. La vigogne, d'un caractère doux et d'une excessive timidité, s'apprivoise avec la plus grande facilité. Quelques tentatives portent à croire qu'il serait possible d'amener cet animal à l'état de domesticité.

Les avantages que l'on pourrait retirer de ces espèces dans nos climats avaient depuis longtemps attiré l'attention sur la question de les acclimater et de les propager parmi nous. Dès 1765, Buffon conçut le projet d'enrichir nos Alpes et nos Pyrénées de ces animaux précieux. De nombreuses tentatives, faites depuis cette époque, ne réussirent pas par des causes diverses. Cependant elles n'ont pas été abandonnées et tout porte à croire qu'à la fin elles seront couronnées de succès. Introduits dans la Nouvelle Galles du Sud par M. Ledger, ces animaux s'y reproduisent régulièrement et semblent parfaitement acclimatés. Ceux des trois premières espèces que possède le Jardin sont en parfait état, et leur reproduction est aussi régulière que celles de nos ruminants indigènes.

CERF COMMUN. (Cervus elaphus.)

Allemand : *Der Edelhirsch.* — Anglais : *The Stag* or *red Deer.* — Espagnol : *El Ciervo comun.* — Italien : *Il Cervo comune.*

Deux biches ont été données par M. le duc d'Uzès et par M. Lanseigne.

Cet animal, propre aux régions tempérées de l'Europe, vit à l'état sauvage dans les grands bois, et à demi domestique dans nos parcs. Quoique d'un naturel très-craintif, il s'apprivoise facilement. Sa chair est peu recherchée, mais celle de la biche et du faon est fort bonne.

CERF D'ALGÉRIE. (CERVUS BARBARUS.)

Anglais : *The Barbery Deer.*

Donné par M. le général Khérédine.

Cette espèce, qui diffère très-peu de la précédente, habite les forêts du Nord de l'Afrique.

CERF D'ARISTOTE. (CERVUS ARISTOTELIS.)

Allemand : *Der Aristoteles's Hirsch.* — Anglais : *The Sambur Deer.* — Espagnol : *El Ciervo de Aristoteles.* — Italien : *Il Cervo d'Aristotele.*

Cette espèce se trouve sur les côtes du Malabar et du Coromandel, au Bengale et dans le Népaul. Plus grand que le cerf commun, elle se rapproche du chevreuil par ses bois. Quoique d'un naturel farouche, elle s'apprivoise facilement au point de devenir familière.

C'est M. Dussumier qui, en 1838, introduisit en France les premiers individus vivants de ce cerf, lesquels, depuis cette époque, y ont vécu et y ont régulièrement donné des petits. M. Is. Geoffroy Saint-Hilaire a fait mettre en liberté, dans divers parcs, des mâles et des femelles, qui s'y sont parfaitement acclimatés et se sont reproduits. Ce fait ne laisse aucun doute sur la possibilité de propager parmi nous cette espèce comme animal de chasse, pour sa chair, qui est excellente, et pour sa peau, qui pourrait offrir une certaine utilité.

CERF RUSA. (CERVUS HIPPELAPHUS.)

Allemand : *Der javanische Hirsch.* — Anglais : *The Rusa Deer.* — Espagnol : *El Ciervo javanés.* — Italien : *Il Cervo di Java.*

Le cerf rusa habite l'archipel Indien et surtout les îles de Java et de Bornéo, où il vit, par troupes de cinquante à cent individus, dans les lieux découverts coupés par des halliers épais. Sa chair passe pour un morceau friand parmi les habitants de ces îles. Les individus introduits en Europe s'y sont régulièrement reproduits.

CERF CHEVALIN. (Cervus equinus.)

Cette espèce, originaire de l'île de Bornéo, se rapproche beaucoup du cerf rusa.

CERF DU JAPON. (Cervus sika?

Allemand : *Der japaniache Hirsch.* — Anglais : *The japanese Deer.*

Cet animal, propre aux îles du Japon et tout récemment introduit en Europe, diffère peu de notre cerf. Sous le poil du pélage on voit une sorte de laine grisâtre.

CERF-COCHON. (Cervus porcinus.)

Allemand : *Der Schweinhirsch.* — Anglais : *The Hog* or *Porcine Deer.* — Espagnol *El Ciervo porcino.* — Italien : *Il Cervo porco.*

Ce cerf, l'un des plus petits du genre, est originaire de l'Inde et se trouve le plus communément au Bengale. Dans certaines contrées, il a été réduit, depuis longtemps déjà, en une sorte de domesticité ; on l'y engraisse et on le mange comme le cochon parmi nous. C'est même de là que lui vient le nom qu'il porte, et non d'une ressemblance extérieure quelconque avec cet animal.

C'est à M. Dussumier que sont dus les premiers individus vivants venus en France en 1835. Depuis lors, ils y ont très-bien vécu, et se sont reproduits régulièrement.

La facilité avec laquelle cet animal s'apprivoise, sa rusticité et enfin sa fécondité, font vivement désirer sa propagation en France ; car sa chair fournirait un nouvel aliment de qualité supérieure.

CERF AXIS. (Cervus axis.)

Allemand : *Der Axishirsch.* — Anglais : *The Axis Deer.* — Espagnol : *El Ciervo manchado.* — Italien : *Il Cervo indiano.*

L'un d'eux a été donné par M Honoré (de Trouville).

La partie australe de l'Asie, jusqu'aux forêts basses de la chaîne de l'Himalaya, est la patrie de l'axis.

Cet animal, remarquable par sa robe fauve semée regulièrement de taches blanches, paraît avoir été introduit vers le milieu du siècle dernier en Europe, où il se reproduit aussi facilement que le daim. Sa chair est excellente et abondante, et sa peau ne le cède en rien à celle de cet animal.

CERF DE VIRGINIE. (Cervus virginianus.)

Allemand : *Der Virginische Hirsch.* — Anglais : *The virginian Deer.* — Espagnol : *El Ciervo de Virginia.* — Italien : *Il Cervo di Virginia.*

Cette espèce, qui a quelques rapports avec le daim par l'applatissement de son bois, est originaire des contrées tempérées de l'Amérique septentrionale, et habite principalement les régions boisées des États-Unis, entre la Louisiane et le Vermont. Très-commun avant l'établissement des Européens, cet animal formait, avec le bison, la base de la nourriture des Indiens ; aujourd'hui on ne le rencontre plus guère que dans les parties encore couvertes de bois.

L'acclimatation de cet animal en France n'offre pas de difficultés. Sa propagation dans nos parcs et dans nos forêts serait très à désirer, car sa chair est abondante et excellente à manger. Elle offre aux États-Unis une ressource alimentaire; on la sale et on la conserve comme celle du cochon. Sa peau est aussi fort recherchée dans la mégisserie.

CERF DES BOIS. (Cervus nemorivagus.)

Allemand : *Der braune Spiesshirsch.* — Anglais : *The Guazubira.* — Espagnol : *El Venado del monte ó Guazubirá.*

Donné par M. le marquis de Brossard.

Ce cerf appartient à l'Amérique du Sud, et vit isolé dans les forêts du Paraguay, du Brésil et de la Confédération argentine.

DAIM ORDINAIRE. (Cervus dama.)

Allemand : *Der Damhirsch.* — Anglais : *The fellow Deer.* — Espagnol : *El Damo.* — Italien : *Il Cervo daimo.*

Le daim, abondamment répandu dans toutes les contrées tempérées de l'ancien continent, vit en troupes dans les parcs et préfère aux grandes forêts les bois couverts, les champs et les collines. Il présente assez souvent des variétés de taille et de couleur, dont les plus remarquables sont la noire et la blanche. D'un naturel doux et timide, il s'apprivoise beaucoup plus facilement que le cerf. Sa chair est regardée en Angleterre comme le gibier par excellence; sa peau est recherchée par l'industrie du chamoiseur.

ALGAZELLE ou **ANTILOPE LEUCORYX.** (ANTILOPE LEUCORYX.)

Allemand : *Die Säbelantilope.* — Anglais : *The Leucoryx.* — Espagnol : *La Antilope Oriz.* — Italien : *La Gazella bianca.*

L'algazelle, originaire de l'Afrique centrale, se trouve depuis la Nubie jusqu'au Cap, et vit dans les lieux déserts, en troupes plus ou moins nombreuses, qui forment la proie ordinaire des lions et des panthères. Comme ses congénères, elle est d'une douceur et d'une timidité extrêmes, s'apprivoise très-aisément et s'est plusieurs fois reproduite en Europe. Sa chair est, dit-on, d'une très-bonne qualité. Ce n'est qu'un animal d'ornement.

ANTILOPE-GAZELLE. (ANTILOPE DORCAS.)

Allemand : *Die Gazelle.* — Anglais : *The Gazelle.* — Espagnol : *La Antilope Gacela.* — Italien : *La Gazella affricana.*

Donnés par M. le commandant Loche, par M. le colonel Marguerite et par le général Khérédine.

Plus petit que le chevreuil, cet animal, mentionné par Élien sous le nom de *Dorcas*, vit en troupes nombreuses en Afrique et s'étend jusqu'en Syrie. Quoique d'une timidité extrême, l'antilope-gazelle se défend néanmoins vigoureusement et avantageusement contre certains ennemis. Elle s'apprivoise avec la plus grande facilité, et sa chair est fort bonne à manger.

ANTILOPE GUIB. (ANTILOPE SCRIPTA.)

Donné par Mᵉ Dufour.

Cette belle espèce vit par troupes nombreuses dans les plaines et les bois des bords du Sénégal.

ANTILOPE EDMI.

C'est une espèce voisine de l'antilope-gazelle, qui habite le nord de l'Afrique, et vit par paires, au rapport de M. Loche et non par troupes comme ses congénères.

ANTILOPE DE SŒMMERING. (ANTILOPE SŒMMERINGII.)

Allemand : *Die sömmeringsche Antilope.* — Anglais : *The Sœmmering's Antilope.*

Donné par M. Dugied.

Cette antilope, de la grandeur du daim, et dont la tête est marquée de trois bandes noires, dont la moyenne est la plus large, est propre à l'Abyssinie. On assure que sa chair est très-bonne à manger.

ANTILOPE ISABELLE.

Cette espèce d'Afrique, mal déterminée jusqu'ici, est voisine de l'antilope springook (*Antilope euchore*), dont elle ne diffère guère que par sa taille moindre et sa robe plus claire.

ANTILOPE NILGAU. (ANTILOPE PICTA.)

Allemand : *Der Nylgau.* — Anglais : *The Nylghaie.* — Espagnol : *La Antilope pintada ó Nilgó.* — Italien : *L'Antilope dipinta.*

Cet animal, originaire du bassin de l'Indus, se trouve spécialement dans les vallées qui séparent ce fleuve de la Tartarie et dans le pays de Cachemire. Il habite les forêts solitaires les plus épaisses, d'où il ne sort que le matin et même la nuit pour venir pâturer dans les lieux découverts.

Le Nilgau est d'une timidité excessive qui le fait s'effrayer de tout, au point de se précipiter sur tout ce qu'il rencontre et même de se tuer contre les obstacles. Cependant, on parvient à l'apprivoiser et même à le rendre familier.

C'est en 1767 qu'on a vu, en Angleterre, dans le parc de lord Clive, le premier couple de ces animaux vivants introduits en Europe. Depuis, un autre couple fut envoyé en présent, de Bombay, à la reine d'Angleterre, et en 1774, il en existait un autre dans le parc du château royal de la Muette. Non-seulement ces individus ont vécu sans paraître souffrir du climat, mais ils se sont reproduits plusieurs fois. Depuis lors, la même chose a eu lieu dans toutes les ménageries de l'Europe; au Jardin entre autres cette reproduction a été très-abondante et les petits ont été élevés par la mère sans plus de difficultés que ceux de nos ruminants domestiques.

Outre sa chair très-abondante, savoureuse et très-recherchée dans l'Inde depuis des temps très-reculés, le nilgau fournit un cuir d'une grande épaisseur et d'une résistance extrême, dont l'industrie pourrait tirer un excellent parti. Ces avantages font vivement désirer que l'on parvienne à multiplier chez nous cette espèce, qui pourrait devenir pour nous un véritable animal de boucherie.

GNOU. (CATABLEPAS GNU.)

Allemand : *Der Gnu.* — Anglais : *The white-tailed Gnu.*

Donné par M. Chabaud, consul de France à Port-Élisabeth.

Connu des anciens qui le nommaient *Catablepas* et mentionné par Pline, qui dit : « il tient toujours la tête penchée vers la terre pour ne pas détruire la race humaine, car tous ceux qui voient ses yeux meurent aussitôt, » cet animal a en effet un aspect redoutable. Sa tête est armée de deux longues cornes qui descendent d'abord obliquement, puis se redressent brusquement. Une touffe de poils raides sur le chanfrein, une barbe, un fanon et une crinière hérissée lui donnent une physionomie effrayante. Sa queue est garnie de longs poils blancs et toute la partie postérieure du corps, couverte de poils ras, ressemble à celle d'un petit cheval. Il vit par troupes nombreuses dans les montagnes au Nord du Cap de Bonne-Espérance. Très sauvage, il se laisse difficilement approcher, et effrayé il frappe la terre de son pied comme le cheval, puis s'enfuit avec une extrême vitesse.

L'individu que possède le Jardin est le premier qui ait paru vivant en Europe.

BŒUF DOMESTIQUE. (BOS TAURUS.)

Allemand : *Der gemeine Rind.* — Anglais : *The Ox.* — Espagnol : *El Buey.*
Italien : *Il Bove.*

RACE SANS CORNES (DÉSARMÉE.)

Donné par M. Dutrône.

Cette race, désignée communément sous le nom de race

Sarlabot et propagée en France par M. Dutrône, offre certains avantages sur toutes les autres, celui surtout d'être complétement privée de cornes chez les deux sexes ; ce qui la rend beaucoup moins dangereuse.

BŒUF A BOSSE ou ZÉBU. (Bos indicus.)

Allemand : *Der Zebu.* — Anglais : *The Zebu.* — Espagnol : *El Zebú.* Italien : *Il Zebu.*

1. GRANDE RACE DU SOUDAN.

Donnés par S. A. le prince Halim et par S. A. le vice-roi d'Égypte.

2. RACE DU SÉNÉGAL.

Donnés par S. E. le Ministre de l'agriculture.

3. RACE NAINE.

La première de ces races se trouve principalement dans le Soudan égyptien ; la seconde se rencontre spécialement au Sénégal et la troisième existe dans l'Inde et dans les îles de la Sonde.

Les zébus se distinguent des autres espèces de bœufs par la bosse qu'ils portent au-dessus du garrot, et qui leur a fait donner le nom sous lequel on les désigne vulgairement.

Ces animaux dont le caractère est doux et même caressant, sont depuis longtemps domestiques ; dans certaines parties du continent indien, ce sont presque les seules bêtes de somme.

La chair des zébus est fort bonne et leur cuir est des meilleurs.

Cet animal, introduit depuis assez longtemps en Angleterre, se reproduit régulièrement en Europe, il s'allie sans difficulté avec les races domestiques de nos climats et donne des produits féconds.

La race naine, dans les pays où elle existe, ne sert qu'à traîner des charriots proportionnés à sa force. Pour nous, ce n'est qu'un animal d'ornement.

YAK ou **BŒUF A QUEUE DE CHEVAL.** (Bos grunniens.)

Allemand : *Der Yack.* — Anglais : *The grunting Bull* or *Yak.* — Espagnol : *El Buey gruñidor.* — Italien : *Il Bove grugnante.*

1. RACE BLANCHE.

Ils proviennent du troupeau de la Société impériale zoologique d'acclimatation, formé d'individus amenés en France par M. de Montigny en 1854, et de leurs descendants.

2. RACE NOIRE SANS CORNES.

Donnés par M. le comte de Morny.

3. MÉTIS D'YAK.

a. **Vache obtenue d'un Yak et d'une Vache ordinaire.**

b. **Taureau obtenu de la précédente et d'un Yak pur.**

c. **Obtenu de la Vache métisse (a) et d'un Zébu du Soudan.**

L'yak, si remarquable par son aspect farouche et par la longue et abondante toison qui le couvre entièrement, est originaire de l'Asie centrale et spécialement des montagnes de l'Hymalaya, où il vit en troupes, plus ou moins nombreuses, dans les endroits les plus froids.

Cet animal aime l'eau et nage fort bien. D'un naturel très-farouche, il semblerait, au premier abord, absolument indomptable, et cependant il s'apprivoise facilement. Il ne mugit pas comme nos bœufs ordinaires, mais il fait entendre une sorte de grognement, d'où lui est venu le nom de *Bœuf grognant,* qu'il porte en français et en plusieurs langues.

L'yak s'allie avec la vache domestique et donne des métis féconds. Les reproductions obtenues au Jardin ne laissent aucun doute à cet égard. Le métis avec la vache zébu se nomme *Dzo,* et s'emploie aux travaux des champs.

Les Tartares nomades ne se servent pas de cet animal pour labourer ; mais ils emploient comme bêtes de somme les individus de pur sang qu'ils ont parfaitement domestiqués. Avec leur poil long et soyeux, on fait des tentes imperméables. La queue garnie de beaux crins, plus fins et plus souples que ceux du cheval, est estimée dans tout l'Orient, et chez les Persans et chez les Turcs, elle est la marque distinctive de certaines dignités militaires; enfin sa chair est très-bonne et son lait excellent.

Le bœuf à queue de cheval, il y a quelques années, n'était guère connu que par un individu vivant qui avait fait partie de la ménagerie de lord Derby, mais il n'avait jamais été vu en France. En 1854, M. de Montigny, alors consul général à Chang-Haï en Chine, a comblé ce vide de la science en amenant lui-même en France un troupeau de douze têtes, qu'il avait fait venir à grands frais du Thibet, en vue de les acclimater dans notre pays.

Ce troupeau a été distribué dans diverses localités froides et montagneuses, où il n'a pas cessé de prospérer et de se multiplier régulièrement. Ces animaux ont donné des métis superbes et aujourd'hui il ne reste aucun doute sur leur complète acclimatation.

BUFFLE DE VALACHIE. (Bos bubalus.)

Allemand : *Der Büffel.* — Anglais : *The Buffalo.* — Espagnol : *El Búfalo.* — Italien : *Il Bufalo.*

Originaire de l'Inde et introduite en Europe vers le septième siècle, cette espèce, qui diffère par plusieurs caractères du bœuf domestique, se trouve principalement en Hongrie et en Italie. Le buffle aime à se plonger dans l'eau et surtout à se rouler dans la fange : il nage très-bien et est beaucoup plus agile que ne le feraient croire ses formes lourdes. Dans l'état sauvage, c'est un animal farouche et d'une force prodigieuse, s'irritant facilement et ne reculant jamais devant le danger. Cependant on l'a réduit en domesticité, et il sert de bête de somme et de trait dans plusieurs pays. Sa chair est assez bonne et sa peau très-épaisse est recherchée pour certains usages.

CHÈVRE D'ÉGYPTE. (Capra ægyptiaca.)

Allemand : *Die Ægyptische Ziege* — Anglais : *The Ægyptian Goat.* — Espagnol : *La Cabra egipciana.* — Italien : *La Capra d'Egitto.*

Cette espèce, commune dans le nord de l'Afrique et principalement dans la haute Egypte où elle est domestique, se distingue des autres par ses oreilles larges et pendantes et par son chanfrein extrêmement busqué.

Importées en France, il y a une vingtaine d'années, plusieurs de ces chèvres ont vécu quelque temps au Muséum d'histoire naturelle. Introduites de nouveau, depuis quelques années, elles se sont parfaitement acclimatées et régulièrement reproduites. La chèvre d'Égypte, d'une extrême sobriété, donne abondamment un lait délicieux.

CHÈVRE DU SÉNÉGAL. (CAPRA DEPRESSA.)

Allemand : *Die kleine Ziege.* — Anglais : *The little african Goat.* — Espagnol *La Cabra enana del Senegal.* — Italien : *La Capra d'Affrica.*

Donnée par M, Alfred de Sennal.

Cette espèce, remarquable par sa petite taille qui seule la distingue de la chèvre commune, paraît originaire des parties méridionales de l'Afrique et se trouve communément au Sénégal.

Elle s'engraisse avec facilité et sa chair est beaucoup meilleure que celle de l'espèce domestique.

CHÈVRE DU NÉPAUL. (CAPRA JEMLAICA.)

Anglais : *The Jharal* or *Tehr.*

Donnée par M. Fontaine.

Cette espèce à tête très-mince, à chanfrein étroit, à oreilles tombantes, teintées de fauve, plus longues que la tête, et à poils très-longs, d'un beau noir, habite les montagnes les plus élevées de l'Inde, au delà de la région des forêts et près des neiges perpétuelles. Elle vit en troupes de vingt à trente, qui paissent le matin et le soir dans les parties découvertes et se retirent pendant le jour dans les lieux les plus inaccessibles.

CHÈVRE DE MASCATE.

Donnée par M. le comte de Lang'e.

Cette chèvre d'assez petite taille, qui rappelle un peu le chevreuil par son aspect général, a le pélage roux, demi-ras, les membres noirs, une raie noire sur le dos et les oreilles très-courtes. Elle habite l'Arabie et les bords de la mer Rouge.

CHÈVRE DE TUGGURT.

Donnée par Mme Elie de Beaumont, née de Quélen.

Cette espèce, qui appartient au Nord de l'Afrique, diffère de la précédente par les oreilles longues et pendantes. Elle a comme elle le poil roux, mais plus long et une raie noire sur le dos, mais qui, sur la croupe, s'élargit et lui forme une espèce de manteau.

CHÈVRE D'ANGORA. (CAPRA ANGORENSIS.)

Allemand : *Die angorische Ziege.* — Anglais : *The Angora Goat.* — Espagnol : *La Cabra de Angora.* — Italien : *La Capra d'Angora.*

Ces animaux proviennent des troupeaux introduits, en 1854, par la Société impériale zoologique d'acclimatation, par M. le maréchal Vaillant et par l'Émir Abd-el-Kader.

La chèvre d'Angora se trouve dans quelques districts de l'Asie-Mineure surtout à Angora et dans ses environs, où on l'élève en troupeaux, qui vivent, presque toute l'année, à l'air et se tiennent de préférence sur les collines sèches ; car les plaines humides et le voisinage des forêts ne leur conviennent pas.

Cette espèce se distingue de toutes les autres par son poil, long, fin, soyeux et brillant, qui est très-recherché par l'industrie.

On avait essayé à plusieurs reprises, mais sans succès, de l'introduire dans nos pays, lorsqu'en 1854, la Société impériale zoologique d'acclimatation fit venir, à ses frais, un troupeau de 76 têtes qui, réuni à un autre de 16 têtes que l'Émir Abd-el-Kader avait envoyé en cadeau à M. le maréchal Vaillant, a été distribué dans le Jura, la Drôme, le Cantal, etc. Ces divers troupeaux sont dans l'état le plus prospère, et on a vu, à la dernière exposition des produits agricoles, les magnifiques tissus fabriqués avec leurs toisons par M. Davin.

MOUFLON DE CORSE. (OVIS MUSIMON.)

Allemand : *Der gemeine Mouflon.* — Anglais : *The Muflon.* — Espagnol : *La Oveja silvestre de Corcega.* — Italien : *Il Muflone.*

Cet animal mentionné par Pline, sous les noms de *Musmon*

et de *Ophion*, habite les parties les plus élevées de la Corse et de la Sardaigne, où il vit à l'état sauvage en troupes nombreuses qui ne quittent jamais les parties hautes des régions montagneuses, mais se tiennent toujours au-dessous des neiges perpétuelles.

Les mouflons sont d'une timidité et d'une défiance extrêmes ; mais pris jeunes, ils s'apprivoisent facilement et s'élèvent en domesticité.

Le croisement du mouflon avec la brebis ordinaire, et *vice versâ*, donne des métis féconds, désignés par les anciens sous le nom de *Umbri*. Le Jardin possède un de ces métis.

On a cru longtemps que cet animal était la souche du mouton domestique; mais des recherches récentes nous apprennent que ce dernier est d'origine asiatique.

La chair du mouflon, surtout celle des jeunes, est très-bonne.

MOUFLON A MANCHETTES. (OVIS TRAGELAPHUS.)

Allemand : *Das afrikanische Wildshaf.* — Anglais : *The maned Muflon.* — Espagnol : *La Oveja silvestre de Africa.* — Italien : *Il Muflone d'Affrica.*

Cet animal habite les lieux déserts et escarpés du nord de l'Afrique et se trouve jusqu'en Egypte. Il diffère principalement du précédent par sa taille plus grande, par les touffes de poils qui entourent le bas de ses jambes et par la longueur de sa queue. Sa chair est très-bonne à manger, et il serait à désirer qu'on pût le propager dans nos climats.

Ce n'est pour nous qu'un animal d'ornement.

MOUTON DOMESTIQUE. (OVIS ARIES.)

Allemand : *Das zahme Shaf.* — Anglais : *The Sheep.* — Espagnol : *El Carnero doméstico.* — Italien : *Il Montone domestico.*

1. RACE MÉRINOS DE NAZ (OVIS HISPANICA.)

Allemand : *Das Merinoshaf.* —Anglais : *The Merino.* — Espagnol : *El Carnero merino.* — Italien : *Il Montone merino.*

Donnés par M. le général Girod (de l'Ain).

Cette race, si précieuse par la beauté et la finesse de sa

laine, n'est pas propre au sol de l'Espagne; elle est originaire du nord de l'Afrique; mais on ignore l'époque de son introduction dans la péninsule ibérique. Après avoir, pendant des siècles, appartenu exclusivement à cette contrée, le mérinos est aujourd'hui répandu dans tout le monde.

C'est Colbert qui le premier eut la pensée de l'introduire en France, mais cette idée ne reçut pas d'exécution. Depuis, plusieurs tentatives furent faites avec peu de succès, jusqu'en 1776 que Daubenton les reprit avec un troupeau de 200 mérinos acheté en Espagne par le gouvernement. L'expérience réussit complétement; mais les préjugés des éleveurs firent encore avorter ces heureux commencements. Enfin en 1786, Louis XVI fit venir d'Espagne un troupeau de plus de 300 têtes qui fut établi à Rambouillet, et est devenu la souche d'un très-grand nombre d'autres en France et à l'étranger.

C'est à MM. Girod de l'Épeneux, Perrault de Jotemps, Montanier et Girod de l'Ain qu'est due la création de cette race supérieure connue, dans le monde entier, sous le nom de Mérinos de Naz.

2. RACE MÉRINOS GRAUX DE MAUCHAMP.

Donnés par M. Graux (de Mauchamp).

L'origine de cette race est due entièrement au hasard; mais c'est à la sagacité et au zèle persévérant de M. Graux que l'on doit son établissement ou plutôt sa création. En 1828, il naquit, dans le troupeau mérinos de choix de ce cultivateur, un agneau difforme et presque monstrueux, mais dont la laine lisse était remarquable par sa finesse, sa douceur et son brillant, semblable à celui de la soie. L'animal, élevé avec soin, malgré sa mauvaise conformation, fut allié avec des brebis choisies, dont la nature de laine différait le moins possible de la sienne, et après un certain nombre d'années et des soins incessants, M. Graux est parvenu enfin à créer une race qui aujourd'hui se reproduit invariablement. Les vices de conformation des premiers individus ont complétement disparu et maintenant le mérinos soyeux ne laisse rien à désirer sous le rapport de la forme et de la rusticité.

La laine de cette race lisse, soyeuse, nacrée et brillante comme le cachemire dont elle a la douceur, offre aussi quelque similitude avec le poil de chèvre, dont elle diffère cependant par son extrême finesse. Elle l'emporte même sur le cachemire, en ce qu'elle ne présente jamais de *jar*, et qu'elle prend mieux la teinture.

3. LE MOUTON SANS LAINE DIT MORVAN.

Donné par M. l'amiral Bosse.

Originaire de l'Afrique centrale, le mouton morvan est élevé en domesticité en Barbarie et au cap de Bonne-Espérance. Naturalisée depuis longtemps en Europe par les Hollandais, qui l'ont croisée avec les moutons du Texel et de la Frise orientale, cette espèce a produit une grande race, connue sous le nom de *Moutons flandrins* ou du *Texel*, dont la laine assez abondante et très-longue offre un certain degré de finesse.

4. MOUTON DE CARAMANIE.

Cette espèce, propre à l'Asie-Mineure, se distingue des autres races par sa queue large, renflée sur les côtés, descendant jusqu'au milieu du jarret, et formée d'une graisse presque diffluente, qui pèse de 15 à 20 kilogrammes. Cette graisse, qui ressemble à de la moëlle, sert à préparer les aliments. La chair de ce mouton est très-estimée; mais sa laine grossière n'est propre qu'à des ouvrages communs.

5. MOUTON DE L'YÉMEN.

Donné par S. E. Kœnig-Bey.

Cette race, de l'Arabie et de quelques parties de l'Afrique, se distingue par sa tête sans cornes et d'un noir de jayet, couleur qui s'étend jusqu'à la base du col. Elle n'a pas de laine, mais un poil dur et ras. Sa chair est excellente.

6. MOUTON DE SIEBENBURG.

C'est la race domestique dans la Transylvanie et dans les

pays limitrophes. Elle est grande, à chanfrein busqué, et s'engraisse facilement. Sa laine est des plus ordinaires.

7. MOUTON ROMAIN.

Cette race, d'assez grande taille, à jambes longues et à chanfrein très-busqué, n'a rien de remarquable. Sa chair est bonne et sa laine abondante, mais assez grossière.

8. MOUTON HONGROIS.

Donné par M. Fontelle.

Cette race, remarquable par ses cornes très longues, dirigées obliquement en haut et en dehors, et comme tordues sur elles-mêmes, habite principalement la Hongrie. Sa toison fort abondante, et qui fait paraître l'animal plus gros qu'il ne l'est réellement, est formée d'une laine commune, à mèches longues et légèrement ondulées. Ce mouton s'engraisse facilement, et sa chair est très-délicate.

9. MOUTON D'ASTRACAN.

Donné par S. M. l'Empereur.

Cette race, qui est propre à la Russie Méridionale et se trouve surtout aux environs d'Astracan, est un peu plus petite que la race commune. Elle a la tête et les membres noirs, la laine longue et grossière, d'un gris sale et la queue terminée par un léger renflement. Les agneaux naissent d'un noir de jais et avec la laine très-frisée. Ce sont ces agneaux, que l'on coud dans une toile au moment de leur naissance et qu'on arrose chaque jour d'eau tiède, qui fournissent la fourrure si recherchée connue sous le nom d'Astracan et dont il existe une variété grise.

10. MOUTON CHINOIS ou OUANG-TI.

Donné par la Société d'acclimatation de Londres.

Ce mouton, qui parait propre à la Chine et tout récemment introduit en Europe, n'a pas d'oreilles saillantes, ni de cornes. Les membres, la face et la gorge sont nus; la laine est assez longue et soyeuse. Il est surtout remarquable par son extrême fécondité. On assure que la brebis donne de trois à quatre et même cinq agneaux à chaque portée qui se renouvelle deux fois par an. Cet animal s'est parfaitement reproduit en Angleterre.

IV. RONGEURS.

AGOUTI. (Dasyprocta aguti.)

Allemand : *Der Aguti.* — Anglais : *The Aguti.* — Espagnol : *El Aguti.* Italien : *Il Aguti.*

Donné par M. Bataille.

Cet animal se trouve communément à la Guyane, au Brésil et au Paraguay ; habite les lieux montueux et le penchant des collines boisées, où il se loge dans les fentes de rocher et les trous des vieilles souches, et se nourrit exclusivement de substances végétales. Il court avec une grande vitesse dans les terrains plats ; mais il est obligé en descendant de ralentir sa course pour éviter de faire la culbute, ses pattes de derrière étant beaucoup plus longues que celles de devant.

Quoique d'un caractère très-méfiant, il s'apprivoise facilement La femelle a, chaque année, plusieurs portées de trois ou quatre petits.

Sa chair est ferme, blanche et de bon goût.

Introduit en Europe depuis quelques années, l'agouti y a vécu et s'y est reproduit. Les expériences faites par le docteur Chenu ne laissent aucun doute sur la possibilité de l'acclimater et de le propager parmi nous.

AKOUCHI. (Dasyprocta acuschy.)

Allemand : *Der Akuchi.* — Anglais : *The olive Cavy.* — Espagnol : *El Acouchi.* Italien : *Il Acouci.*

Donné par M. Bataille.

Un peu plus petit que le précédent, dont il diffère par son

pelage plus doux, par une sorte de manteau noir qui commence derrière l'épaule et par le manque de crinière sur la nuque, cet animal est commun à la Guyanne française et au Brésil, où il vit dans les bois. Sa chair est bonne à manger et se rapproche beaucoup de celle de l'agouti.

COCHON D'INDE. (Cavia porcellus).

Allemand : *Der Ferkelmaus.* — Anglais : *The Guinea-Pig.* — Espagnol : *El Cui.*

Originaire des parties chaudes de l'Amérique du Sud, où il était domestique chez quelques peuplades indigènes, cet animal a été introduit en Europe par les Espagnols et y est devenu commun. Sa fécondité est extrême et plus grande que celle du lapin domestique. Sa chair est blanche et peu savoureuse. Celle de l'Apéréa, espèce sauvage, très-commune dans toute l'Amérique Méridionale, est très-délicate.

Le Jardin possède la variété blanche fixe.

PACA FAUVE. (Cœlogenus fulvus.)

Allemand : *Der Röthlichgelb Paka.* — Anglais : *The yellow Paca.* — Espagnol : *El Pacá flavo.* — Italien : *Il Paca fulvo.*

Donné par M. Pedro Jobin.

Le paca habite principalement les forêts basses et humides du Brésil, de la Guyane et du Paraguay, et se creuse des terriers peu profonds et à trois issues qu'il recouvre de feuilles et de rameaux, et d'où il ne sort guère pendant le jour. Il se tient souvent assis et porte à sa bouche, avec les pattes de devant, sa nourriture qui consiste en fruits, en racines et surtout en cannes à sucre.

D'un caractère très-doux, cet animal s'apprivoise facilement et il serait avantageux de le propager dans nos campagnes, à cause de sa chair très-délicate et très-recherchée en Amérique.

LIÈVRE COMMUN. (Lepus timidus).

Allemand : *Der gemeine Hase.* — Anglais : *The Hare.* — Espagnol : *La Liebre.* Italien : *La Lepre timida.*

Le lièvre, propre aux contrées tempérées de l'Europe, vit

solitaire dans les bois et les lieux couverts, et ne sort de sa retraite que la nuit pour prendre sa nourriture qui consiste en substances végétales. Il ne creuse pas de terriers, et la femelle, qu'on nomme *hase*, donne, chaque année, plusieurs portées de deux à six petits. Ceux du Jardin se sont reproduits dans les parcs; ce qu'on n'avait vu que rarement.

Sa chair est très-recherchée et son poil très-employé dans la chapellerie.

LAPIN DOMESTIQUE. (Lepus cuniculus.)

Allemand : *Das Kaninchen.* — Anglais : *The Coney.* — Espagnol : *El Conejo.* — Italien : *Il Coniglio.*

Originaire d'Espagne, et réduit depuis longtemps en domesticité, le lapin se trouve dans toute l'Europe à l'état sauvage; on l'appelle alors *lapin de garenne.* Il se creuse, dans les terrains secs, des terriers profonds à une ou plusieurs issues, dans lesquels la femelle dépose, plusieurs fois par an, de quatre à huit petits; à l'état domestique, cette fécondité est beaucoup plus grande encore. Sa chair, blanche et tendre, est très-estimée et son poil sert à plusieurs usages industriels.

Les variétés du lapin domestique sont très-nombreuses; les plus remarquables que possède le Jardin sont :

1. Le Lapin cachemire ou Angora blanc.
2. — — — bleu.
3. — double Shmutt.
4. — argenté.
5. — de Sibérie.
6. — Bélier blanc.
7. — — gris.
8. — belge bleu.

MÉTIS DE LIÈVRE ET DE LAPIN.

Donnés par M. Lepel-Cointet.

On a cru pendant longtemps impossible le croisement du lièvre et du lapin, en raison d'une antipathie qui existerait entre ces deux espèces si voisines. Cependant M. Lépel-Cointet a obtenu des métis qu'il nomme *Léporides;* ils sont d'une fécondité remarquable, et leur chair ne diffère de celle du lapin que par un léger fumet particulier.

V. ÉDENTÉS.

TATOU ENCOUBERT. (DASYPUS SEXCINCTUS.)

Allemand : *Das Sechsgürtliche Tatu.* — Anglais : *The Tatoo.* — Espagnol : *El Armadillo ó Quirquincho.* — Italien : *La Tatusia a sei fascie.*

Cet animal, si remarquable par l'espèce de carapace écailleuse dont il est revêtu, est propre à l'Amérique méridionale, et se trouve principalement à la Guyane et au Brésil.

Il se creuse, avec les ongles puissants dont sont armées ses pattes de devant, des terriers obliques et profonds, d'un mètre et demi environ, où il se tient pendant le jour, ne sortant que le matin et le soir pour chercher sa nourriture, qui consiste en racines, en graines, etc.

C'est un animal craintif et tout à fait sans défense. La femelle fait, par an, plusieurs portées de six à huit petits ; cependant celle du Jardin n'en a donné qu'un seul.

TATOU HYBRIDE. (DASYPUS HYBRIDUS.)

Allemand : *Das Kurzschwanzige Tatu.* — Espagnol : *La Mulita.*

Donné par M. Durieux de Maisonneuve.

Le tatou hybride est plus petit et de forme plus allongée que l'encoubert et abonde dans les campagnes découvertes de la Confédération argentine et de la République de l'Uraguay. La chair de ces animaux, surtout celle du second, est une des plus exquises que l'on puisse manger.

VI. MARSUPIAUX.

KANGUROU A MOUSTACHES. (MACROPUS MELANOPS.)

Allemand : *Das grosse Känguru.* — Anglais : *The great Kanguroo.* — Espagnol : *El Canguró grande.* — Italien : *Il Almaturo gigantesco.*

KANGUROU ROBUSTE. (MACROPUS ROBUSTUS.)

KANGUROU DE BENNETT. (MACROPUS BENNETTI.)

Allemand : *Das Weisschwangige Känguru.* — Anglais : *The Bennett's Kanguroo.* — Espagnol : *El Canguró de Bennett.* — Italien : *Il Almaturo di Bennett.*

KANGUROU DE DERBY. (MACROPUS DERBIANUS.)

Allemand : *Das Derbys Känguru.* — Anglais : *The Derby's Kanguroo.* — Espagnol : *El Canguró de Derby.* — Italien : *Il Almaturo di Derby.*

KANGUROU THÉTYS. (MACROPUS THETIDIS.)

Ces animaux appartiennent à cette classe de mammifères que caractérise l'existence d'une poche située sous le ventre, et sont exclusivement propres à la Nouvelle-Hollande et aux îles qui en dépendent.

Les kangurous, dont le nombre des espèces connues est aujourd'hui considérable, vivent habituellement en petites troupes dans les lieux boisés et couverts. Essentiellement frugivores, ils se nourrissent de fruits, de racines et d'herbes de toutes sortes. A l'état de repos, ils se tiennent dans une situation presque verticale, posés sur leur queue grosse et robuste, et sur leurs pieds de derrière dont la longueur est énorme, comparée à celle de leurs pattes de devant qu'ils tiennent rapprochées et pendantes devant la poitrine. L'immense disproportion existant entre les membres de cet animal lui donne une démarche toute particulière : sa progression n'a lieu que par une suite de sauts plus ou moins étendus ; cependant il marche et court assez vite à quatre pattes.

Dans les grandes espèces, le nombre des petits est de un ou deux et de trois à quatre dans les petites. Au moment de la naissance, l'animal est presque informe. Recueilli par la mère dans la bourse où sont placées les mamelles, il se greffe en quelque sorte à l'une d'elles, et ne s'en détache que lorsqu'il a acquis assez de développement pour pouvoir faire usage de ses membres ; alors, il entr'ouvre l'orifice de la poche et y passe d'abord le bout du museau, ensuite la tête, puis le corps, et enfin il en sort complètement pour s'ébattre près de sa mère ; mais, à la moindre apparence du danger, il disparaît comme par enchantement, et rentre dans sa chaude demeure.

Le kangurou, d'un naturel doux et craintif, montre peu d'intelligence et s'apprivoise avec la plus grande facilité.

La chair du kangurou est prisée à l'égal de celle des meilleurs gibiers. Sa peau fournit une fourrure très-recherchée ; celle du kangurou laineux est la plus estimée. Le nombre de ces animaux est aujourd'hui considérablement diminué ; et le kangurou à moustaches est rare sur la côte de la Nouvelle-Galles du Sud ; celui de Bennett est plus abondant dans la Tasmanie ; mais le nombre en décroît journellement.

Valentin et Lebruyn sont les premiers auteurs qui aient signalé les kangurous. Un certain nombre de ces animaux introduits en Europe, il y a une quarantaine d'années, y vécurent fort bien et se sont reproduits sans exiger aucun soin particulier.

Le fait de leur acclimatation est aujourd'hui hors de doute, et il ne reste plus qu'à s'occuper de les propager dans nos parcs et dans nos forêts, où ils fourniraient un gibier entièrement nouveau.

KANGUROU RAT. (POTURUS MURINUS.)

Cette espèce qui diffère beaucoup des précédentes par la petitesse de sa taille, ses pattes de derrière plus déliées et plus longues proportionnellement et par sa tête triangulaire large et aplatie par derrière assez semblable à celle d'un rat, habite aussi la Nouvelle-Hollande. Elle est très-agile et beaucoup moins timide que les kangurous proprement dits et se cache dans des trous à la manière des rats.

PHASCOLOME ORDINAIRE ou WOMBAT.
(PHASCOLOMYS WOMBAT.)

PHASCOLOME A FRONT LARGE. (PHASCOLOMYS LATIFRONS.)

Donnés par M. Mueller.

Ces deux espèces, qui ne diffèrent que par quelques détails

dans la forme du crâne, sont propres à la Nouvelle-Hollande.

Ce sont des animaux lourds, plantigrades comme les ours, peu élevés sur leurs pattes, se ramassant en boule et se creusant des terriers où ils se tiennent pendant le jour, et d'où ils ne sortent que la nuit pour chercher leur nourriture qui consiste en racines et en herbes de toutes sortes. La femelle produit à chaque portée trois ou quatre petits, qui se développent comme ceux des kangurous, dans la poche qu'elle porte sous le ventre.

Leur chair est très-bonne à manger, et fait la base de la nourriture des pêcheurs de phoques.

Pérou et Lesueur ont rapporté, en 1803, plusieurs de ces animaux qui ont vécu quelque temps à la ménagerie du Muséum. Ce quadrupède facile à nourrir, propagé parmi nous, pourrait fournir un nouvel aliment.

SARIGUE MANICOU. (DIDELPHIS VIRGINIANA.)

Allemand : *Das Beutelthier.* — Anglais : *The Virginian Opossum.* — Espagnol : *El Didelfo ó Comadreja.* — Italien : *Il Didelfo.*

Donné par M. Couturier, directeur de l'Intérieur à la Martinique.

Le Manicou est propre au continent de l'Amérique et se rencontre abondamment dans la Virginie. Il vit dans des trous aux environs des habitations dont il détruit les volailles, comme chez nous la belette et la fouine. Sa queue robuste et lisse en dessous est prenante et lui sert à se suspendre aux branches des arbres auxquels il grimpe avec agilité. C'est un animal nocturne, triste, qui cependant s'apprivoise facilement et devient extrêmement familier. Il porte ses petits, au nombre de six à dix, dans la poche que, comme les précédents, il a sous le ventre.

OISEAUX

I. GRIMPEURS.

I. PERROQUETS.

Ces oiseaux qu'on a subdivisés en plusieurs familles, en raison de la grande quantité d'espèces différentes que contient ce groupe, ne se trouvent que dans les régions les plus chaudes de l'Asie, de l'Afrique, de l'Amérique et de la Nouvelle-Hollande. La plupart d'entre eux sont ornés des couleurs les plus brillantes mais qui ne présentent jamais de reflet métallique. Ils vivent ordinairement en troupes sur les arbres, sur la lisière des forêts qu'il font retentir de leurs cris perçants. Ils marchent avec peine et pour grimper ils se servent à la fois de leurs pattes et de leur bec avec lequel ils s'accrochent ; ils se servent aussi de leurs pattes pour porter à leur bec leurs aliments. La plupart d'entre eux ont la faculté de répéter les sons qu'ils entendent et d'apprendre littéralement à parler. Sous ce rapport ils l'emportent sur tous les autres oiseaux. Ils s'apprivoisent avec la plus grande facilité et paraissent s'attacher vivement à leur maître. Ces qualités et la beauté de leur plumage les font rechercher comme oiseaux d'agrément.

Les espèces les plus remarquables que possède le Jardin et dont le nombre ne tardera pas à s'augmenter, sont :

Parmi les Aras :

Le Ara rouge (*Macrocercus ara-canga*), et le Ara jaune (*Macrocercus ara-rauna*) qui appartiennent au Brésil ;

Parmi les Cacatois :

Le Cacatois de leadbeater (*Cacatua leadbeateri*), propre à l'Australie ;

Le petit Cacatois a huppe jaune (*Cacatua sulphurea*), qui habite les Moluques ;

Le Cacatois jing-wos (*Cacatua galerita*), de l'Australie ;

Le Cacatois a huppe blanche (*Cacatua cristata*), des Moluques;

Le Cacatois a huppe rouge (*Cacatua rosacea*), des Moluques ;

Le Cacatois de ducorps (*Cacatua Ducorpsii*), des Iles Salomon ;

Le Cacatois rosalbin (*Cacatua eos*), de la Nouvelle-Hollande.

Parmi les Perroquets proprement dits:

Le Perroquet gris (*Psittacus erythacus*), de la Côte occidentale d'Afrique.

Le Perroquet amazone (*Psittacus amazonicus*), qui se trouve dans presque toute l'Amérique du Sud, et qui de tous est celui qui parle le mieux ;

Le Lori cramoisi (*Psittacus puniceus*), des îles Phillipines.

Parmi les Perruches ;

La Perruche ondulée (*Melopsittacus undulatus*), propre à la Nouvelle-Hollande et introduite depuis quelques années en Europe où elle se reproduit facilement ;

La Perruche d'Edwards (*Euphema pulchella*), de la Nouvelle-Hollande, qui se reproduit aussi dans nos climats ;

La Perruche omnicolore (*Platycercus eximius*), de l'Australie.

La Perruche a croupion rouge (*Platycercus hæmatonotus*) ;

La Perruche de Pennant (*Platycercus Pennantii*), de l'Australie ;

LA PERRUCHE CALLOPSITTE DE GUY (*Cœlopsitta Nova-Hollandiæ*), de l'Australie.

II. PASSEREAUX.

Cette famille, que l'on a subdivisée en un très-grand nombre d'ordres, contient une quantité considérable d'espèces qui appartiennent à tous les climats de la terre. C'est parmi elles que se trouvent la plupart des oiseaux chanteurs qui offrent une variété infinie de formes et de couleurs qui les font rechercher comme objets d'agrément. Quelques-unes d'entre elles ont été réduites en une sorte de domesticité ; la plus connue est le SERIN DES CANARIES (*Fringilla canaria*).

L'administration du Jardin s'occupe à former une collection de ces charmants animaux qui font l'ornement des bois et des campagnes. Parmi les espèces qu'elle possède aujourd'hui, on remarque principalement :

L'ORTOLAN (*Emberiza hortulana*), qui habite le midi de la France et est si remarquable par la délicatesse de sa chair ;

LA HUPPE PUPUT (*Upupa epops*), propre à la France et à l'Afrique et dont la tête est ornée d'une très-belle huppe rousse bordée de noir ;

LE MERLE COMMUN (*Turdus merula*), si commun dans nos bois ;

LE MERLE BLEU (*Turdus cyaneus*), qui se trouve dans tout le midi de l'Europe et vit solitaire ;

LA GRIVE COMMUNE (*Turdus musicus*), dont la chair est fort recherchée ;

LE PROYER D'EUROPE (*Cyncramus miliara*) ;

LE SANSONNET (*Sturnus vulgaris*), qui s'apprivoise et apprend facilement à parler.

LE PINSON VULGAIRE (*Fringilla cœlebs*) ;

LE PINSON DES ARDENNES (*Fringilla montifringilla*) ;

Le Pinson de riz (*Emberiza orysivora*), propre à l'Amérique septentrionale ;

Le Chardonneret (*Fringilla carduelis*), l'un de nos plus jolis oiseaux, qui s'allie facilement avec le serin et donne des petits non-féconds ;

Plusieurs espèces de Fauvettes, (*Curruccæ*), et quelques espèces de Mésanges (*Paridæ*), etc, etc.

La plupart de ces oiseaux, si remarquables par la beauté de leur plumage et l'agrément de leur chant, nous rendent encore d'immenses services en détruisant une grande quantité d'insectes nuisibles.

Les espèces fournies par l'Amérique, très-nombreuses et très-belles, ne sont guère en ce moment représentées que par le Bruant commandeur (*Agelaius phœnicus*), propre à l'Amérique du nord; le Paroare (*Paroaria dominicana*), et le Cardinal rouge (*Paroaria cucullata*), qui se trouvent abondamment dans les régions tempérées de l'Amérique du Sud, et dont le chant est très-harmonieux.

Enfin l'Australie a fourni l'Oiseau diamant (*Steganopleura guttata*), et le Donacole a poitrine brune (*Donacola castaneithorax*), remarquables par la variété de leur plumage et par leur élégance qui les font rechercher des amateurs.

III. GALLINACÉS.

PIGEON ROMAIN. (Columba hispanica.)

Allemand : *Die spanische Taube.* — Anglais : *The roman Pigeon.* — Espagnol : *La Paloma romana.* — Italien : *La Colomba di Spagna.*

Ce pigeon, dont on ignore l'origine, mais qui existe depuis fort longtemps en France, est le plus gros de nos races domestiques. Il est très-recherché à cause de sa fécondité et de la délicatesse de la chair de ses pigeonneaux.

PIGEONS DE VOLIÈRE,

Allemand : *Die Taube*. — Anglais : *The common Pigeon*. — Espagnol : *La Paloma domestica*. — Italien : *La Colomba*.

Le nombre des variétés des pigeons de volière est aujourd'hui très-considérable. Le Jardin en possède un grand nombre des plus remarquables d'Europe et des autres parties du monde, parmi lesquelles on distingue celle à queue noire, récemment importée du Japon, où elle est domestique.

COLOMBE LUMACHELLE. (COLUMBA CALCOPTERA.)

Allemand : *Die bronzeflüglige Taube*. — Anglais : *The Bronze-winged Pigeon*. Espagnol : *La Paloma de alas bronzeadas*. — Italien : *La Colomba lumachella*.

Ce pigeon, remarquable par les belles couleurs de ses ailes qui offrent les chatoiements de la lumachelle, est indigène de la Nouvelle-Galles du Sud, de la terre de Van-Diémen et de l'île de Norfolk. Comme les autres pigeons, il vit par paires, mais il n'est pas sédentaire et se tient à terre ou sur les branches basses des arbres, dans les endroits sablonneux et arides. Cet oiseau se nourrit de baies, de graines.

Il fait, dans les trous d'arbres ou même à terre, son nid formé de quelques bûchettes jetées comme au hasard et dans lequel la femelle pond deux œufs tout blancs, qu'elle couve avec le mâle.

Cet oiseau s'est reproduit fréquemment dans nos climats. Sa chair est estimée à la Nouvelle-Galles du Sud.

COLOMBE LABRADOR. (COLUMBA ELEGANS.)

Allemand : *Die elegante Taube*. — Anglais : *The opaline Pigeon*. — Espagnol : *La Paloma elegante*. — Italien : *La Colomba elegante*.

Donnés par M. Ramel.

Plus petite que la précédente, cette espèce a été trouvée dans la patrie méridionale de la terre de Van-Diémen par les naturalistes de l'expédition à la recherche de La Peyrouse.

Introduite, il y a quelques années, en Angleterre par les soins de la Société zoologique de Londres, elle s'est reproduite régulièrement en captivité. C'est un charmant oiseau de volière.

COLOMBE GRIVELÉE. (COLUMBA PICATA.)

Anglais : *The Wonga-wonga Pigeon.*

Ce pigeon, d'une grande taille, habite la Nouvelle-Hollande. Sa chair blanche et délicate, surtout celle des muscles pectoraux qui sont très-développés, l'emporte de beaucoup sur celle des autres espèces connues. Il serait vivement à désirer qu'on put l'acclimater et le propager en Europe, où déjà il a commencé à se reproduire.

COLOMBE LONGUP. (COLUMBA LOPHOTES.)

Allemand : *Die Helmtaube.* — Anglais : *The crested Dove.* — Espagnol : *La Paloma crestada.* — Italien : *La Colomba crestata.*

Cette espèce, l'une des plus gracieuses du genre, est encore indigène de la Nouvelle-Hollande.

Introduite depuis quelques années en Angleterre, elle s'est montrée très-propre à vivre en captivité et s'est régulièrement reproduite. Les deux paires que possède le Jardin ont fait plusieurs couvées qui ont parfaitement réussi.

COLOMBE TOURTELETTE. (COLUMBA CAPENSIS.)

Allemand : *Die kap'sche Taube.* — Anglais : *The Cape Dove.*

Cette espèce, propre à l'Afrique méridionale, est remarquable par la petitesse de sa taille, son bec rouge orangé, et la beauté de ses couleurs.

COLOMBE DES BOIS. (COLUMBA TURTUR.)

Allemand : *Die gemeine Turteltaube.* — Anglais : *The turtle Dove.* — Espagnol : *La Tortola.* — Italien : *La Tortora.*

Cette espèce, nommée vulgairement *Tourterelle*, est un oiseau de passage, commun pendant l'été dans toutes les contrées tempérées de l'Europe et qui vit habituellement dans les forêts. La femelle pond deux œufs blancs dans un nid composé de buchettes grossièrement arrangée et placé au haut d'un arbre. Elle s'apprivoise facilement et devient très-familière.

TOURTERELLE A COLLIER. (Columba risoria.)

Allemand : *Die gemeine Lachtaube.* — Anglais : *Barbary Turtle Dove.* — Espagnol : *La Tortola con collar.*

Remarquable par l'espèce de collier noir auquel elle doit son nom, cette espèce appartient aussi à l'Europe tempérée. Sa couleur varie beaucoup et on trouve souvent des individus entièrement blancs.

TOURTERELLE MAILLÉE. (Columba Egyptiaca).

Allemand : *Die Cambaische Turteltaube.* — Anglais : *The Cambayan Turtle Dove.*

Cet oiseau se trouve dans une grande partie de l'Afrique et surtout au Sénégal. Son plumage nuancé de brun, de rose vineux, de blanc et de noir en fait un charmant oiseau de volière.

COLOMBE TURVERT (Columba javanica.)

Allemand : *Die smaragdgrüne Turteltaube.* — Anglais : *The Javan's Turtle Dove.* Espagnol : *La Tortola de Java.*

Cette belle espèce. un peu plus petite que la colombe des bois, est propre aux îles de l'Archipel Indien et vit surtout en troupes nombreuses dans celles de Java et de Sumatra. Elle paraît vivre assez bien en captivité, mais ne pas s'y reproduire.

PIGEON COLOMBIN. (Columba oenas.)

Allemand : *Hohltaube.* — Anglais : *Stock Dove.*

Le colombin, un peu moins grand que le pigeon ramier, est propre à l'Europe et vit par couples dans les grands bois, où il niche sur le sommet des arbres les plus élevés.

COLOMBE VOYAGEUSE. (Ectopistes migratorius.)

Allemand : *Die Wandertaube.* — Anglais : *The Wild Pigeon.* — Espagnol : *La Paloma migratoria.*

Cet oiseau, d'une grande taille, est propre à l'Amérique

du Nord. L'été, il habite les régions septentrionales qu'il quitte l'hiver pour se répandre dans les contrées plus tempérées, par bandes innombrables. Lors de ce passage, les habitants du pays en font un véritable carnage ; car la chair de ce pigeon est excellente et est pour eux une grande ressource alimentaire.

Il vit habituellement dans les grandes forêts et niche sur les arbres les plus élevés. La ponte est de deux œufs entièrement blancs.

COLOMBE A OREILLON BLEU. (Columba aurilta.)

Anglais : *The Martinica Pigeon.*

Cette espèce habite les Antilles et est très-commune à la Martinique.

COLOMBE A AILES BLANCHES. (Zenaida leucoptera.)

Anglais : *The White-winged Dove.*

Cette espèce se trouve aux Antilles et s'étend jusqu'au Mexique.

COLOMBE A NUQUE PERLÉE. (Columba tigrina.)

Cette colombe, remarquable par le large collier noir et blanc qu'elle porte sur la nuque, existe dans tout le continent de l'Inde et dans l'Archipel Indien ; elle se rapproche beaucoup pour la taille et la couleur de la colombe à collier.

COLOMBE AIMABLE. (Zenaida amabilis.)

Anglais : *The Zenaida Pigeon.*

Donné par M. Fournier.

Cette espèce, qui ressemble beaucoup à la colombe voyageuse, a le pourtour des yeux blancs et une tâche améthyste en avant des oreilles. Elle est propre à l'Amérique du Nord et se trouve principalement dans la Floride.

COLOMBE ÉMERAUDINE. (Columba afra.)

Anglais : *The African Turtle Dove.*

Cette espèce, propre à la partie méridionale de l'Afrique et un peu plus petite que la tourterelle des bois, niche dans les buissons et pond deux œufs tout blancs.

COLOMBE VINEUSE. (COLUMBA VINACEA.)

Anglais : *The Vinaceous Turtle Dove.*

Elle est remarquable par la couleur rougeâtre de son plumage, habite les Guyanes et se trouve aussi dans l'Afrique occidentale.

COLOMBE A LARGE QUEUE. (COLUMBA MALACCENSIS)

Allemand : *Die Malakkische Turteltaube.* — Anglais : *The barred Turtle Dove.*

Cette espèce, d'une très-petite taille, est propre à la presqu'île de Malacca et aux îles de la Sonde. Elle s'apprivoise facilement et les Javanais la tiennent en cage pour se préserver des mauvais sorts. Transportée à l'île de France, elle y est aujourd'hui très-commune.

COLOMBE A DOUBLE COLLIER. (COLUMBA BITORQUATA.)

Cette colombe, qui nous vient de la Malaisie, se fait remarquer par le double collier noir et blanc qu'elle porte sur la nuque.

COLOMBE COCATZIN ou **ORTOLAN** (CHAMÆPELIA PASSERINA.)

Allemand : *Die Sperlingstaube.* — Anglais : *The Passerine Pigeon Dove.*
Espagnol : *El Cocotli.*

Cette espèce, une des plus petites du genre, ne dépasse guère la taille d'une alouette et est propre à toutes les parties chaudes et tempérées de l'Amérique Sud, où elle vit dans les lieux arides et pierreux. Elle cherche sa nourriture à terre et court comme la perdrix. Sa chair, des plus délicates, est très-recherchée aux Antilles.

GOURA ou **PIGEON COURONNÉ.** (LOPHYRUS CORONATUS.)

Allemand : *Die grosse Kronnentaube.* — Anglais : *The common crowned Pigeon.*
Espagnol : *La Paloma coronata.*

Le Goura, la plus grande espèce du genre, est remarquable par son plumage tout entier d'un bleu cendré et par sa huppe composée de plumes très-légères à barbes désunies et un peu frisées. Il est propre à l'Archipel des Moluques et à la Nouvelle-Guinée où il est excessivement commun; cet oiseau s'apprivoise facilement, et s'est reproduit en Angleterre.

COLOMBI-GALLINE A CRAVATE NOIRE.

(COLUMBA CYANOCEPHALA.)

Anglais : *The Blue-headed Turtle Dove.*

Ce pigeon, qui habite les contrées chaudes de l'Amérique et est très-commun à la Jamaïque et à Cuba, vit toujours à terre et court comme la perdrix, nom que lui donnent les habitants de la Jamaïque. Il fait comme elle son nid à terre.

Sa chair est excellente, et il serait à désirer qu'on pût l'acclimater et le propager parmi nous.

COLOMBI-GALLINE A MOUSTACHES. (COLUMBA MYSTACEA).

Cette espèce, propre à l'Amérique du Sud et abondante à la Guadeloupe, se distingue par le trait blanc qu'elle porte de chaque côté du bec. Sa chair est des plus délicates.

COLOMBI-GALLINE ROUX-VIOLET. (COLUMBA MARTINICA.)

Donné par M. le colonel Frébault.

Ce pigeon, remarquable par sa couleur d'un brun pourpré, habite les Antilles et surtout l'île de la Martinique.

PERDRIX GRISE. (PERDIX CINEREA.)

Allemand : *Das Rebhuhn.* — Anglais : *The Partridge.* — Espagnol : *La Perdiz.* Italien : *La Pernice.*

Cet oiseau, propre aux régions tempérées de l'Europe, vit par *compagnies* dans les prairies et les champs cultivés, et ne se retire dans les bois que pour fuir le danger. Il ne perche jamais et se tient à terre où la femelle fait son nid dans un trou peu profond, garni de quelque brins d'herbe. La ponte est de quinze à vingt œufs jaunâtres, teintés de verdâtre et sans taches. Les petits se nourrissent d'abord d'insectes et plus tard de graines et surtout de blé.

PERDRIX ROUGE. (PERDIX RUBRA.)

Allemand : *Das rothe Rebhuhn.* — Anglais : *The red Partridge.* — Espagnol : *La Perdiz roja.* — Italien : *La Pernice rubra.*

Cette espèce est propre aux régions tempérées de l'Europe, de l'Asie et de l'Afrique ; en France, on ne la trouve guère, que dans les départements méridionaux. Elle est un peu plus grosse que la précédente et niche dans les buissons. La ponte est de quinze à dix-huit œufs d'un jaune sale, marbrés de grandes taches rousses et semés de points cendrés. Sa chair est des plus estimée.

PERDRIX BARTAVELLE. (PERDIX SAXATILIS.)

Allemand : *Das Steinhuhn.* — Anglais : *The Stone Partridge.* — Espagnol *La Perdiz de los pedregales.* — Italien : *La Pernice sassatile.*

La bartavelle diffère principalement de la perdrix rouge par l'absence des taches noires et blanches qui entourent le col de cette dernière. Commune en Asie Mineure et dans le Tyrol, elle se trouve aussi en Espagne, et en France, dans les montagnes du Jura, des Pyrénées, de l'Auvergne et des Basses-Alpes.

Elle habite de préférence les lieux élevés, arides et semés de rochers mais descend dans les plaines pour y nicher. Comme la précédente, elle vit en compagnies. Sa nourriture consiste en petits insectes et en bourgeons d'arbres résineux.

La femelle pond, sous un buisson ou une touffe d'herbes, de quinze à dix-huit œufs blancs et marqués de taches roussâtres.

Quoique d'un naturel très-farouche, elle est très-susceptible de s'apprivoiser.

Sa chair ne le cède en rien, sous le rapport de la délicatesse, à celle de la perdrix grise.

PERDRIX GAMBRA. (PERDIX PETROSA.)

Allemand : *Das Felsenhuhn.* — Anglais : *The Rufous-breasted Partridge.* — Espagnol : *La Perdiz de Gambra.* — Italien : *La Pernice di Gambra.*

Cette espèce, qui tient le milieu entre la perdrix rouge et la bartavelle, est propre aux parties méridionales de l'Europe, et abonde aussi en Afrique, depuis les côtes de la Méditerranée jusqu'au Sénégal.

Elle vit en compagnies nombreuses dans les lieux élevés et déserts et ne descend que rarement dans les plaines. Sa nourriture consiste principalement en graines et baies de toutes espèces et en petits insectes.

La femelle pond environ une quinzaine d'œufs d'un jaune sale et irrégulièrement maculés de roussâtre, qu'elle dépose dans un nid formé de quelques herbes ou feuilles sèches et placé dans les buissons.

Il y a quelques années, M. le baron de Lage, officier de la vénerie impériale, fit venir d'Algérie quelques perdrix gambra pour en essayer l'acclimatation. Cette tentative réussit pleinement et attira l'attention de S. M. l'Empereur lui-même qui ordonna de la continuer.

L'expérience répétée, en 1858, à la faisanderie de Saint-Germain, eut un tel succès que, dès cette première année, les perdrix gambra figurèrent pour un quart environ dans le le nombre de celle qui furent tuées aux chasses impériales.

PERDRIX OUA-KI-KI. (Gallo-perdix shenura.)

Donné par S. M. l'Empereur.

Cette espèce, à peine connue et un peu plus petite que notre perdrix grise, est propre à la Chine d'où elle a été apportée pour la première fois en Europe, par M. de Montigny, qui en fit hommage à S. M. l'Empereur. Cet oiseau s'est parfaitement reproduit dans la volière de Saint-Cloud, et celles que possède le Jardin proviennent de cette éducation.

COLIN HOUI. (Ortix virginianus.)

Allemand : *Das virginische Wachtel.* — Anglais : *The Virginian Partridge.* — Espagnol : *La Perdiz de Virginia.* — Italien : *La Pernice di Virginia.*

Cet oiseau, propre à l'Amérique septentrionale, se trouve depuis le Mexique jusqu'au Canada inclusivement, et abonde surtout dans le sud et le centre des États-Unis.

Il habite de préférence les buissons, les halliers et les haies vives, et ne fréquente guère les terres cultivées qu'après la récolte.

La femelle cache son nid à terre, au milieu d'une touffe de plantes hautes et épaisses. Ce nid offre une ouverture sur le côté. La ponte est de dix à vingt-quatre œufs d'un blanc pur.

Le colin houi se nourrit de toutes sortes de graines et de baies. D'un naturel doux et peu farouche, il s'apprivoise très-facilement et ne craint ni la grande chaleur, ni le froid, même rigoureux.

C'est M. Florent Prevost qui, dès l'année 1816, essaya le premier en France l'acclimatation de cet oiseau ; mais cette expérience ne réussit pas. Tentée depuis en Angleterre, elle a eu un plein succès, et le colin houi, devenu presque indigène, se reproduit régulièrement au point que, pendant plusieurs années, on l'a chassé comme la caille et la perdrix, dans quelques domaines de Bretagne.

Sa chair est blanche, tendre et de très-bon goût, quoique sans fumet, comme celle de presque tous les gallinacés sauvages de l'Amérique du Nord.

COLIN DE CALIFORNIE. (ORTIX CALIFORNICUS.)

Allemand : *Der Kalifornische Wachtel.* — Anglais : *The californian Quail.* — Espagnol : *La Perdiz de California.* — Italien : *La Pernice di California.*

Cette espèce se distingue de la précédente par l'élégante petite huppe noire, composée de plumes légères et recourbées en avant, qui orne sa tête. Elle paraît propre à la Californie. Ses œufs, d'un blanc sale, irrégulièrement maculés de brun rougeâtre, ressemblent en petit à ceux de la perdrix rouge.

Cet oiseau, découvert par La Pérouse, a été introduit en 1852 par M. Deschamps en France, où depuis il s'est parfaitement reproduit presque partout, au point de devenir assez commun. Les petits s'élèvent sans la moindre difficulté, et tout porte à espérer que le colin, dont la chair ne le cède pas à celle de la caille, deviendra, avant peu, un gibier français.

COLIN ZONÉCOLIN. (ORTIX CRISTATA.)

Cette espèce, qu'on appelle encore caille huppée du Mexique, diffère peu des précédentes et se trouve principalement au Mexique et à la Guyane.

CAILLE COMMUNE. (COTURNIX DACTYLISONANS.)

Allemand : *Das gemeine Wachtel.* — Anglais : *The common Quail.* — Espagnol *La Codorniz.* — Italien : *La Quaglia.*

Cette espèce, connue de tout le monde et si recherchée pour la délicatesse de sa chair, est un oiseau de passage qui abonde en France pendant la belle saison et qui la quitte l'hiver pour les climats plus chauds de l'Afrique et de l'Asie, La femelle pond à terre, dans les blés, de huit à quinze œufs d'un vert clair avec de grandes taches brunes et noirâtres. La migration se fait par bandes nombreuses qui ne volent guère que la nuit.

CAILLE D'AUSTRALIE. (COTURNIX AUSTRALIS.)

Allemand : *Das Australische Wachtel.* — Anglais : *The Australian Quail.* — Espagnol : *La Codorniz de Australia.* — Italien : *La Quaglia d'Australia.*

Donné par M. Mueller.

Plus petite que la précédente, dont elle diffère d'ailleurs par son plumage plus sombre et à flammes moins grandes, elle est propre à l'Australie.

CAILLE DE PONDICHÉRY. (COTURNIX TEXTILIS.)

Donné par M. Fournier.

Cette espèce, un peu plus petite que les précédentes et qui s'en distingue principalement par une tache blanche triangulaire qu'elle a sous la gorge et par ses sourcils blancs, se trouve dans tout le continent indien et principalement sur la côte de Coromandel.

FRANCOLIN CRIARD. (FRANCOLINUS CLAMOSUS.)

Allemand : *Der Schreifrancolin.* — Anglais : *The cape Francolin.* — Espagnol : *El Francolino griton.* — Italien : *Il Francolino gritadore.*

Donné par M. Hausman, Consul de France au Cap.

Cet oiseau, qui diffère peu du francolin à collier roux, le seul du genre qui soit propre à l'Europe, se trouve dans les environs du Cap de Bonne-Espérance. Il vit par couples dans les lieux humides et retirés ; vole peu, mais court avec une grande rapidité. Sa ponte est de huit à dix œufs que la femelle dépose dans un nid fait à terre avec quelques brins d'herbe. La chair de cet oiseau est des plus délicates.

FRANCOLIN D'ADANSON. (FRANCOLINUS BICALCARATUS.)

Cette espèce se rapproche beaucoup du précédent ; seulement ses pattes sont armées d'un double ergot, et il a les sourcils noirs et un trait blanc au-dessus de l'œil. Il habite le Sénégal.

GANGA CATA. (PTEROCLES SETARIUS.)

Allemand : *Das Flughuhn* oder *Ganga Katta.* — Anglais : *The Pintailed Grous.* Espagnol : *La Ortega cata.* — Italien : *La Pterocle alcata.*

Le ganga cata, qui paraît être l'*Attagen* des anciens, se trouve communément dans les régions méridionales de l'Europe. En France, on ne le voit que dans les départements du midi, et surtout dans la plaine de la Crau.

Cet oiseau, d'un naturel extrêmement défiant, vit en troupes nombreuses. Son vol puissant, rapide et très-élevé le rapproche des pigeons, dont il diffère cependant par d'autres caractères qui le rattachent aux gallinacés. Ses œufs, très-allongés, sont irrégulièrement maculés de brun-roussâtre.

Sa chair, du moins celle des vieux individus, est noire, dure et peu recherchée ; celle des jeunes, au contraire, est très-délicate.

TÉTRAS HUPPECOL. (TETRAO CUPIDO.)

Anglais : *The Prairie Grous.*

Donné par M. A. Servant.

Cette espèce, autrefois très-commune dans les parties centrales et sur les côtes des États-Unis, en a presque complètement disparu, et ne se trouve plus guère que dans les prairies du Texas et sur les bords du Missouri.

Cet oiseau perche sur les arbres et sur les buissons, et ses œufs sont de la grosseur de ceux d'une poulette.

Les individus que possède le Jardin, placés dans un parc garni de hautes herbes, ont pondu un grand nombre d'œufs qui, couvés par des poules, ont donné de nombreux petits que malheureusement on n'a pu élever.

FAISAN ORDINAIRE. (Phasianus colchicus.)

Allemand : *Der Fasan.* — Anglais : *The Pheasant.* — Espagnol : *El Faisan.* Italien : *Il Fagiano.*

Cet oiseau, dont l'introduction en Grèce remonte à l'expédition des Argonautes qui le trouvèrent en abondance sur les bords du Phase, est très-commun dans la partie méridionale de l'Asie et dans toute l'Europe, depuis les bords de la Méditerranée jusqu'au golfe de Bothnie.

Il vit de préférence dans les contrées boisées, se tient habituellement à terre, mais la nuit il perche sur les arbres les plus élevés. Sauvage, il est craintif, farouche et vit solitaire; domestique, il devient confiant et sociable, et s'accomode très-bien de la vie de la basse-cour. La femelle fait son nid au pied des arbres avec de la mousse et du duvet, et y pond de douze à quinze œufs gris-verdâtre et tachetés de brun. C'est un des gibiers les plus recherchés.

Le Jardin possède plusieurs variétés de cet oiseau, entre autres la blanche qui est fort belle.

FAISAN A COLLIER. (Phasianus torquatus.)

Allemand : *Der Halsringfasan.* — Anglais : *The Ring-necked Pheasant.* Espagnol : *El Faisan con collar.* — Italien : *Il Fagiano con collare.*

Donné par M. Pierre Pichot.

Cet oiseau, très-voisin du précédent avec lequel il donne des métis féconds et dont il diffère cependant par son volume moindre, par son croupion vert, par sa queue moins longue et plus droite, et surtout par le collier blanc auquel il doit son nom, est propre à la Chine d'où il a été importé assez récemment.

Cette espèce est parfaitement acclimatée et commence à se répandre dans les forêts impériales.

FAISAN VERSICOLORE. (Phasianus versicolor.)

Allemand : *Der Buntfasan.* — Anglais : *The varicgatcd Pheasant.* — Espagnol : *El Faisan variado.* — Italien : *Il Fagiano variopinto.*

Donné par S. E. M. Rouher.

Cette espèce, qui diffère du faisan commun par la coloration bleue du plastron, habite le Japon, et son introduction en Europe est récente. Ce n'est encore pour nous qu'un oiseau d'ornement.

FAISAN DORÉ DE LA CHINE. (Phasianus pictus.)

Allemand : *Der sinesische Goldfasan.* — Anglais : *The painted Pheasant.* — Espagnol : *El Faisan dorado.* — Italien : *Il Fagiano screziato.*

L'un des plus beaux oiseaux que l'on connaisse, le faisan doré est originaire de la Chine, d'où il nous est venu vers le milieu du dix-huitième siècle.

Ses œufs, proportionnellement plus petit que ceux de la poule, sont d'un roussâtre pâle et unicolores.

Beaucoup moins farouche que le faisan ordinaire, il s'apprivoise facilement et vit très-bien dans la basse-cour.

Cet oiseau, dont la chair est très-délicate, s'est parfaitement reproduit dans quelques forêts, et on peut espérer qu'il s'y multipliera.

FAISAN ARGENTÉ. (Phasianus nycthemerus.)

Allemand : *Der sinesische Silberfasan.* — Anglais : *The Silver* or *Pencillated Pheasant.* Espagnol : *El Faisan plateado.* — Italien : *Il Fagiano bianco e nero.*

Moins brillant mais plus gros que le précédent, le faisan argenté est très-remarquable par le blanc éclatant de son plumage, qui tranche sur d'autres parties du plus beau noir. Il est originaire des parties septentrionales de la Chine. L'époque de son introduction en Europe, déjà ancienne, n'a pas été précisée.

La femelle pond de douze à quatorze œufs gros comme ceux de la poule, d'une couleur rougeâtre et unicolores. Cet oiseau, qui s'apprivoise facilement et dont la chair est excellente, demande moins de soins que le faisan doré.

FAISAN DE WALLICH. (PHASIANUS WALLICHII.)

Allemand : *Der Wallichs Fasan.* — Anglais : *The Cheer* or *Wallich's Pheasant.* — Espagnol : *El Faisan de Wallich.* — Italien : *Il Fagiano di Wallich.*

Ce bel oiseau, remarquable par la singularité de son plumage, est originaire du nord-est de l'Hindoustan et abonde surtout dans les montagnes des environs de Simla, d'où lord Hardinge en apporta, il y a quelques années, un mâle qui vécut plusieurs années dans les jardins du palais de Buckingham. En 1857, la Société zoologique de Londres reçut, des mêmes contrées, un coq et deux poules, qui se sont parfaitement acclimatés et reproduits.

Il est plus gros que les autres faisans ; son plumage offre un mélange de gris, de brun clair et de noir, disposés avec beaucoup d'harmonie. Ses pattes, courtes comparativement à son volume, sont armées, chez le mâle, d'un éperon très-pointu.

Cet oiseau s'irrite facilement et combat avec beaucoup de vaillance.

Ce n'est encore pour nous qu'un objet de curiosité, mais comme sa propagation n'est pas difficile, il semble destiné à devenir un magnifique gibier.

FAISAN DE SŒMMERING. (PHASIANUS SŒMMERINGII.)

Allemand : *Der Sœmmerings Fasan.* — Anglais : *The Sœmmering's Pheasant.* — Espagnol : *El Faisan de Sœmmering.* — Italien : *Il Fagiano di Sœmmering.*

Donné par S. E. M. Rouher.

Cette espèce, récemment importée du Japon, est remarquable par la belle couleur rougeâtre à reflets cuivrés de son dos et la longueur démesurée de sa queue qui atteint plus d'un mètre.

EUPLOCOME DE CUVIER. (EUPLOCOMUS CUVIERII.)

Allemand : *Der Bächgeltragendefasan.* — Anglais : *The Purple Kalleege.*

EUPLOCOME LEUCOMÈLE. (EUPLOCOMUS ALBO-CRISTATUS.)

Anglais : *The White-crested Kaleege.*

EUPLOCOME MÉLANOTE. (EUPLOCOMUS MELANOTUS.)

Anglais : *The Black-backed Kaleege.*

Ces oiseaux, propres à l'Asie centrale et principalement à l'Himalaya et au Népaul, ont été introduits, il n'y a que quelques années en Angleterre, où ils se sont régulièrement reproduits. Leur chair égale en délicatesse celle du faisan.

LOPHOPHORE RESPLENDISSANT. (LOPHOPHORUS SPLENDENS.)

Anglais : *The Impeyan Pheasant.* — Espagnol : *El Lofoforo brillante.*
Italien : *Il Lofoforo splendente.*

Le lophophore, l'un des plus beaux oiseaux de l'ordre des gallinacés, est originaire des hautes montagnes du nord de l'Hindoustan. Sa tête est ornée d'un panache élégant, composé de plumes dont la tige, droite et mince, est terminée par une sorte de palette allongée et dorée. Tout le dessus du corps offre les nuances les plus riches et les plus éclatantes de vert bronzé à reflets dorés, pourpres et azurés; c'est ce qui l'a fait appeler *l'Oiseau d'or.*

Cet oiseau, assez farouche, vit dans les lieux solitaires. A certaine époque de l'année il traîne ses ailes, étale sa queue, redresse la tête, fait entendre une sorte de gloussement et prend, en marchant, des attitudes grotesques comme le dindon. La femelle n'a rien de la belle parure du mâle. Ses œufs, un peu plus gros que ceux de la poule, sont d'un blanc jaunâtre et maculés d'un roux plus ou moins vif.

Le lophophore préfère aux climats chauds les contrées tempérées et même froides; ce qui fait espérer qu'il ne sera pas impossible de l'acclimater parmi nous.

La première tentative d'introduction de cet oiseau en Europe a été faite, mais sans succès, par lady Impey. Dans ces dernières années la Société zoologique de Londres s'en est procuré quelques couples qui se sont régulièrement reproduits. Celui que possède le Jardin a donné, à plusieurs reprises, un assez grand nombre d'œufs; mais les petits n'ont pu être élevés.

COQ BRONZÉ. (GALLUS ÆNEUS.)

Cette espèce, qui a été rapportée de Sumatra par M. Diard, se rapproche beaucoup de notre coq domestique par ses allures. Cependant il est un peu plus petit; sa crête est grande et lisse, il a deux petits barbillons au-dessous du bec et la gorge entièrement nue.

COQ DE SONNERAT. (GALLUS SONNERATTII.)

Anglais : *The Sonnerat's Jungle-Fowl.*

Cet oiseau qu'on a regardé pendant longtemps comme la souche originelle du coq domestique et propre au continent indien, a la forme de notre coq villageois. Les plumes de la tête sont longues, étroites, applaties, à barbes soyeuses et terminées par une sorte de palette ovalaire, d'un gris perle luisant. Les joues, les côtés de la tête et le dessous du cou sont nus.

POULE DOMESTIQUE. (GALLUS DOMESTICUS.)

Allemand : *Das Haushuhn.* — Anglais : *The common Cock.* — Espagnol : *El Gallo.* Italien : *Il Gallo.*

Comme la plupart des animaux que l'homme a soumis à la domesticité, la poule est originaire de l'Inde. L'époque de sa domestication se perd dans la nuit des temps. L'homme a transporté cet oiseau avec lui dans tous les climats et jusque dans le Nouveau-Monde où il n'existait pas, et aujourd'hui il se trouve dans presque tous les points du globe. Les différences de climat, jointes à celle de la nourriture et à plusieurs autres causes, ont imprimé à l'espèce primitive des modifications particulières qui sont devenues plus ou moins fixes, et c'est ainsi que se sont formées les diverses races de poules, dont le nombre est aujourd'hui très-considérable. Nous ne nous occuperons que de celles que possède le Jardin, les plus remarquables de toutes par leur beauté, par les qualités qu'elles présentent, et par leur rareté.

A. RACE DE LA FLÈCHE.

Cette poule, l'une des plus belles de nos races indigènes, est propre au pays du Maine, où son type est toujours resté pur, surtout aux environs de la Flèche.

Le plus élevé de tous les coqs français, celui de la Flèche, paraît moins gros qu'il ne l'est réellement, en raison de son plumage collant au corps. Sa crête transversale est double, en forme de cornes infléchies en avant, réunies à leur base et écartées au sommet. Les barbillons sont pendants et très-allongés, et les oreillons d'un blanc mat vont se replier sous le col. La couleur de cet oiseau est généralement d'un beau noir.

La race de la Flèche, assez bonne pondeuse s'engraisse avec beaucoup de facilité.

B. RACE DU MANS.

Cette race porte une demi-huppe de plumes qui retombent sur l'occiput; sa crête, double et très-volumineuse, est composée de petites excroissances; les barbillons sont ronds et de moyenne longueur; enfin son plumage est en général noir avec des reflets verts. Elle pond assez bien, mais ne couve pas; ses œufs sont d'un beau volume. Elle s'engraisse facilement et fournit de très-bonnes volailles.

C. RACE DE CREVE-CŒUR.

Cette poule, propre à la France, s'engraisse avec une merveilleuse facilité et fournit les volailles les plus estimées. La tête est forte, ornée d'une huppe et de favoris; la crête double et en forme de cornes redressées; les barbillons sont longs et pendants, et les oreillons courts et cachés.

Cette race est aujourd'hui la mieux éprouvée pour les croisements, surtout avec celle de Nankin.

Les variétés principales de la race de Crève-Cœur sont :

1. La variété noire ; 2. La variété blanche ; 3. La variété bleue.

D. RACE DE HOUDAN.

Cette race française, une des plus belles et des meilleures qui existent, est métisse et provient de croisements faits entre les races de Crève-Cœur et de Dorkings. La tête est ornée d'une demi-huppe dirigée en arrière et sur les côtés, et d'une crête triple et transversale. Les barbillons, assez développés, se relient à la crête par des parties charnues qui forment les joues; les oreillons sont courts et cachés par les favoris formés de plumes courtes, retroussées et pointues.

Cette espèce très-rustique s'élève plus facilement que toutes les autres poules indigènes. Ses pontes sont abondantes et précoces ; ses œufs volumineux et d'un beau blanc ; mais c'est une couveuse médiocre. Elle s'engraisse avec facilité.

E. RACE COURTES-PATTES.

Cette poule, d'origine française, et qu'on trouve communément dans le Maine et en Bretagne, est remarquable par ses pattes extrêmement courtes qui lui donnent une allure et un aspect tout particuliers. Il en existe deux variétés principales, l'une à crête simple et l'autre à crête double.

F. RACE DE PADOUE.

Cette race est l'espèce huppée par excellence ; mais ce qui fait son principal ornement la rend impropre à la vie de basse-cour ; car cette huppe, si belle par le beau temps, devient, par la pluie, un masque impénétrable qui enveloppe la tête de l'animal et l'aveugle. Elle n'a presque pas de crête et seulement de légers vestiges de barbillons et d'oreillons.

Elle est bonne pondeuse, mais ne couve pas. Sa chair, assez abondante, est d'une grande délicatesse.

Les variétés que possède le Jardin sont :

1. La variété blanche ; 3. La variété argentée ;
2. — noire ; 4. — chamois ;
5. La variété coucou.

G. RACE DE PADOUE HOLLANDAISE.

Cette race, qui possède les avantages et les inconvénients de la précédente, et n'en diffère que par sa huppe constamment blanche, nous vient de la Hollande.

Les principales variétés sont :

1. La variété bleue ; 2. La variété noire.

H. RACE DE BRUGES ou RACE DE COMBAT DU NORD.

La plus grande et la plus forte de l'Europe, cette race tient de toutes les espèces dites de combat. La tête forte porte une crête petite, d'une forme mal arrêtée, tombant de côté, noire dans la jeunesse et ne prenant le rouge qu'à l'âge adulte, tout en conservant des teintes noires. Les barbillons et les oreillons sont très-volumineux. Cet oiseau, élevé uniquement pour les combats de coq si peu goûtés chez nous, n'est pas un animal de basse-cour ; son caractère querelleur, son peu de fécondité et l'infériorité de sa chair doivent l'en faire bannir.

I. RACE DE BRÉDA.

La poule de Bréda, d'une forme parfaite et d'une allure vive et légère, appartient à la Hollande. Le coq n'a pas de crête, mais seulement un renflement du bord supérieur des narines. Sa tête est garnie de plumes noires et fines, qui se réunissent en une mèche droite se terminant en pointe. Cette race, très-bonne pondeuse, ne couve pas ; mais s'engraisse bien et sa chair est fort délicate.

Les variétés que possède le Jardin sont :

1. La variété blanche ; 2. La variété noire ;
3. La variété coucou ou **de Gueldres.**

J. RACE DE HAMBOURG.

La poule de Hambourg est d'une taille un peu au-dessous de la moyenne. Sa crête frisée et hérissée de petites pointes forme une surface aplatie, oblongue en avant, pointue en arrière, qui recouvre la base du bec. Les barbillons sont placés bien au-dessous du bec, et ont la forme d'une feuille de buis ; enfin, les oreillons sont blancs et très-petits. Elle pond beaucoup ; ses œufs peu volumineux sont excellents, mais elle est très-mauvaise couveuse.

K. RACE CAMPINE.

Cette petite race, qui se rapproche beaucoup de la précédente, est remarquable par son plumage toujours argenté et par sa crête frisée. Elle est excellente pondeuse et peut donner jusqu'à trois cents œufs dans une année; mais elle couve très mal.

Les variétés que possède le Jardin sont :

1. La variété dorée ; 2. La variété argentée ;
3. La variété à crête simple.

L. RACE DE LA RÉUNION ou MALAISE.

Donnée par Mme Passy.

Cette belle espèce, l'une des plus grandes du genre, et race de combat par excellence, paraît originaire des Philippines. Le coq a la tête fine, le bec fort et recourbé, la crête simple et en fraise aplatie et allongée ; les barbillons rouges et très-développés et les oreillons blancs. Il porte aux pattes des éperons très-pointus et durs comme l'acier, qui le rendent redoutable, même aux oiseaux de proie, qui n'osent l'attaquer. La poule est bonne pondeuse et couve régulièrement, mais sa chair est inférieure à celle de nos volailles domestiques.

M. RACE DE DORKINGS.

La race de Dorkings, qui diffère de toutes les autres par

les cinq doigts qu'elle présente, a été signalée par Columelle. Elle paraît propre à la Grande-Bretagne d'où elle a été importée en France depuis fort longtemps. C'est, en Angleterre, la plus estimée des volailles pour les tables somptueuses.

Cet oiseau est d'une belle prestance, quoique d'une allure lourde et embarrassée. Sa crête simple, grande, élevée, droite, est profondément et régulièrement dentelée; les barbillons sont longs et pendants et les oreillons assez allongés, rouges à leur extrémité et d'un bleu azuré vers le haut.

Cette poule assez bonne couveuse s'engraisse très-facilement et sa chair est d'un goût exquis; malheureusement elle est délicate et craint les grandes gelées et l'humidité.

N. RACE DE GASCOGNE.

Cette race française, de petite taille et très-vagabonde, a la chair très-délicate. M. Granier de Toulouse s'occupe avec succès de son éducation.

O. RACE DE BARBEZIEUX.

Cette race, qui appartient aussi à la France, a beaucoup d'analogie avec celle de la Flèche dont elle partage les bonnes qualités.

P. RACE ESPAGNOLE.

Cette espèce n'est connue en France que depuis quelques années et nous est venue d'Angleterre qui l'avait tirée d'Espagne. Le coq est un magnifique oiseau, remarquable par son plumage du plus beau noir sur lequel tranche deux larges taches blanches de chaque côté de la tête. Sa crête, dont le bord offre de profondes découpures, est simple, lisse et d'une grandeur démesurée. Ses barbillons bien divisés sont courts et arrondis. La poule espagnole est une des meilleures pondeuses connues, mais elle couve fort mal. Cette race est sobre, mais elle redoute les grands froids à cause de son énorme crête qui gèle facilement.

Q. RACE DE NANKIN ou COCHINCHINOISE.

La poule de Nankin, connue jusqu'ici sous le nom impropre de *Poule de Cochinchine*, se trouve dans les parties chaudes du centre de la Chine. Importée en Angleterre en 1844, elle a été introduite en France en 1846 par M. l'amiral Cécile, qui en envoya, au Muséum d'histoire naturelle, plusieurs individus achetés par lui-même aux environs de Chang-Haï. C'est de là que proviennent presque tous ceux qui existent aujourd'hui en France.

L'apparence extérieure fait distinguer, au premier coup d'œil, cette race de toutes les autres. La crête est simple, droite et offre six à sept grandes dents; les barbillons sont demi-longs et arrondis, et les oreillons fort courts. La couleur du plumage qui paraît propre à cette espèce est le fauve-clair ou café au lait. Les plumes des sourcils et des environs de la crête ressemblent assez à des poils; celle du cou et de la poitrine sont collantes et courtes, tandis que celles qui garnissent les cuisses et le ventre sont molles et bouffantes. Enfin la peau présente une teinte jaunâtre propre à plusieurs animaux asiatiques.

La poule de Nankin pond et couve en tout temps et en toute saison. Elle donne dans l'année de 150 à 180 œufs, d'une grosseur moyenne et d'une couleur nankin qui les fait distinguer à la première vue.

L'incubation est le triomphe de cette race, qui peut, en toute saison, couver et faire éclore de nombreux poulets; mais elle sait mal mener ses poussins, et les abandonne beaucoup trop tôt, pour recommencer à pondre et à couver.

Les variétés que possède le Jardin sont:

1. La variété fauve; 3. La variété blanche;
2. — noire; 4. — coucou.

S. POULE DU GANGE.

Cette espèce, originaire de l'Asie et principalement des bords du Gange, est encore peu répandue parmi nous.

T. RACE DE BRAMA-POOTRA.

Cette race, la plus grande de toutes et originaire du

royaume d'Assam a été importée d'abord en Angleterre et introduite en France vers 1850.

La poule de Brama-pootra ressemble beaucoup à celle de Nankin par son ensemble extérieur et par la disposition de son plumage. Sa tête est garnie d'une crête simple et dentelée, d'une grandeur moyenne; ses barbillons assez grands descendent en plis onduleux; enfin ses oreillons, bien développés, retombent et semblent faire corps avec eux.

Cette espèce, comme presque toutes celles des mêmes contrées, est une excellente pondeuse, mais couve bien moins que la poule Nankin. Ses œufs sont d'une grosseur moyenne et d'une couleur nankin foncé. Sa chair, moins délicate que celle de nos volailles ordinaires, est bonne cependant et très-abondante.

U. RACE DITE WALLIKIKI. (Gallus ecaudatus.)

Donné par S. E. Vefik-Pacha-Effendi.

Cette espèce, remarquable par la beauté de son plumage et l'absence complète de la queue, paraît originaire de l'île de Ceylan et avoir été importée dans l'Asie Mineure, où elle est assez commune. Elle est bonne pondeuse et sa chair est fort délicate. Ce n'est pour nous qu'un oiseau de volière.

V. POULE NÉGRESSE. (Gallus morio.)

Cette race naine, l'une des plus nouvelles et des plus curieuses que l'on possède, est originaire de l'Inde, et remarquable par la couleur noire de sa peau, qui tranche sur la blancheur de son plumage un peu hérissé, comme crépu, et d'une finesse extrême. Elle porte une demi-huppe un peu en arrière; sa crête double, frisée, d'un rouge presque noir, fait contraste avec ses oreillons d'un bleu verdâtre et nacré. C'est une excellente couveuse.

X. RACE DE JAVA.

Cette poule, de très-petite taille, et à crête double, paraît provenir de l'île dont elle porte le nóm. C'est une race d'ornement entre toutes.

Y. RACE CHINOISE. (Gallus pusillus.)

Cette très-petite race, fort commune en Angleterre, est excellente couveuse et très-propre à faire éclore, dans les volières, les œufs de colins, de perdrix et d'autres oiseaux de petite taille.

Z. RACE DE BONTAM. (Gallus banticus.)

Cette race, si remarquable par sa forme mignonne et gracieuse et par la richesse de son plumage, nous vient d'Angleterre.

Le Coq ne porte pas à la queue ces plumes recourbées qu'on nomme *faucilles*. La crête est frisée, oblongue et d'un volume proportionné, légèrement aplatie et pointue en arrière.

Cette poule, qui pond et couve très-bien, est, comme la précédente, très-utile pour faire éclore les œufs de colins, de perdrix, etc.

Le Jardin en possède plusieurs variétés, qui sont :

1. **La variété argentée,** que l'on préfère généralement;
2. — **dorée;**
3. — **citronnée.**

Z. RACE COUCOU D'ANVERS.

Cette race a été, dit M. Jacques, récemment *fabriquée* en Hollande. Elle est assez bonne pondeuse, mais médiocre couveuse. C'est un oiseau de volière.

PÉNÉLOPE MARAIL. (Penelope marail.)

Allemand : *Der Marail.* — Anglais : *The Brasilian Guan.* — Espagnol : *El Yacú maray.* — Italien : *La Penelope marail.*

Donné par M. Chapuis.

PÉNÉLOPE A TÊTE BLANCHE. (Penelope pileata.)

Anglais : *The pileated Guan.* — Espagnol : *El Yacú de cabeza blanca.* Italien : *La Penelope con la testa bianca.*

PÉNÉLOPE A SOURCILS BLANCS, (PENELOPE SUPERCILIARIS.

Allemand : *Der Yaku.* — Anglais : *The White-eyebrowed Guan.*

GRANDE PÉNÉLOPE. (PENELOPE PURPURASCENS.)

Anglais : *Mexican Guan.*

Ces oiseaux exclusivement propres aux régions intertropicales et tempérées de l'Amérique méridionale, peuvent être regardés comme les représentants des faisans dans le nouveau monde. Ils vivent en petites familles dans les forêts et dans les broussailles, et perchent sur les branches les plus basses des arbres. Ils se tiennent cachés pendant le jour et sortent le soir et le matin pour se rendre sur la lisière des bois, et y chercher leur nourriture qui consiste en graines, fruits, bourgeons, jeunes pousses d'herbes, etc. Ils portent en marchant la queue un peu baissée et l'ouvrent à chaque mouvement; leur vol est bruyant, bas, embarrassé et de peu d'étendue.

La femelle pond environ huit œufs dans un nid qu'elle construit avec des bûchettes sur un arbre touffu.

Ces oiseaux, dont la chair rappelle celle du faisan, s'élèvent avec la plus grande facilité en domesticité. Ce serait une précieuse acquisition, comme gibier pour nos parcs, ou comme volailles, si l'on parvenait à les multiplier dans notre pays.

HOCCO ALECTOR. (CRAX ALECTOR.)

Allemand : *Der guajanische Hokko* oder *Pauwis.* — Anglais : *The crested Curassow.*
Espagnol : *El Pavo del monte de la Guiana.* — Italien : *La Crace Alettore.*

Donné par M. Bataille.

C'est dans les vastes forêts de la Guyane et du Brésil, et même jusqu'au Mexique, que vit, en troupes plus ou moins nombreuses, cet oiseau si remarquable par sa taille et son plumage tout noir à reflets verdâtres. Il se plaît dans les lieux les plus élevés des forêts et aime à se percher sur les arbres les plus hauts.

Il vit de graines, de baies, de bourgeons; son naturel est doux et des plus confiants.

La femelle place son nid, composé de b ûchettes entrelacées, tantôt sur le sol, tantôt dans les anfractuosités des rochers ou sur les grosses branches d'arbre. La ponte est de cinq à huit œufs, blancs comme ceux du dindon, et dont la coquille est fort épaisse.

La chair du hocco d'un goût exquis, ne le cède en rien, suivant nous, qui en avons mangé plusieurs fois au Brésil, à celle du faisan.

Les habitudes sociales de cet oiseau semblent l'indiquer à la domestication. Des tentatives ont été faites à diverses reprises pour acclimater et propager en Europe ce bel oiseau. L'Impératrice Joséphine en avait plusieurs à la Malmaison. Plus tard, M. Ameshoff est parvenu à en avoir dans sa basse-cour en aussi grande abondance que les autres volailles.

HOCCO GLOBICÈRE. (Crax globicera.)

Allemand : *Der currassavische Hokko.* — Anglais : *The globose Curassow.* — Espagnol : *El Pavo del monte del Brasil.* — Italien : *La Crace globigera.*

Cette espèce, qui diffère principalement de la précédente par l'excroissance arrondie placée à la base de la mandibule supérieure du bec, en avant de la membrane jaune, se trouve principalement au Brésil et dans la province de Misiones.

HOCCO A BARBILLONS. (Crax carunculata.)

Allemand : *Der warze Hokko.* — Anglais : *The Yarrell's Curassow.*

Le hocco à barbillons diffère de l'alector, en ce qu'il a la mandibule inférieure du bec garnie d'une membrane rouge qui la dépasse un peu. Cette espèce est propre au Brésil et s'étend jusqu'au Paraguay.

HOCCO FASCIOLÉ. (Crax fasciolata.)

Anglais : *The banded Curassow.*

Ce qui distingue ce hocco de ses congénères, auxquels d'ailleurs il ressemble par le volume et par la forme, c'est son plumage d'un brun foncé rayé de blanc.

HOCCO DU PRINCE ALBERT. (CRAX ALBERTI.)

Anglais : *The Prince Albert's Curassow*

Cette espèce nouvelle est propre aux mêmes régions de l'Amérique du Sud et se rapproche beaucoup des précédentes.

PAUXI MITU. (CRAX MITU.)

Allemand : *Der Mitu.* — Anglais : *The Razor-billed Curassow.*

Donné par M. le vicomte de Lemont, consul de France à Pernambuco.

Cette espèce commune au Brésil et à la Guyanne et très-voisine de l'alector, n'en diffère guère que par son bec et ses pieds d'un rouge ponceau et par ses rectrices noires terminées de blanc.

PAON ORDINAIRE. (PAVO CRISTATUS DOMESTICUS.)

Allemand : *Der Pfau.* — Anglais : *The crested Peacock.* — Espagnol : *El Pavo real.* — Italien : *Il Pavone.*

Un des mâles, venant de Buénos-Ayres, a été donné par M. Adolphe Quesnel.

Cet oiseau originaire de l'Inde se trouve le plus communément sur la côte de Malabar, au Bengale et dans le royaume de Siam. Il existe aussi dans les îles de Sumatra, de Bornéo et de Ceylan.

Le paon sauvage vit par petite troupes, sur la lisière des grands bois et perche la nuit sur les arbres les plus élevés. Le paon domestique a conservé la même habitude et ne dort jamais à terre.

La femelle pond au printemps, dans un nid grossièrement établi à terre et dans des lieux très-retirés, une douzaine d'œufs blancs, sans taches, avec des pores très-marqués et de la grosseur de ceux du dindon.

On croit que la paon a été importé de l'Inde par les flottes de Salomon ; mais il ne s'est répandu dans l'Europe méridionale qu'après les conquêtes d'Alexandre. Aristote, Columelle, Varron et Pline en parlent, et du temps du dernier de ces auteurs, il était assez commun en Italie. Très-estimée des Romains la chair de cet oiseau est aujourd'hui peu appréciée, quoiqu'elle soit réellement fort bonne lorsque l'animal est jeune.

Parmi les variétés de paons, la plus remarquable est la blanche; mais elle n'est pas constante.

PAON DU JAPON. (PAVO NIGRIPENNIS.)

Allemand : *Der japanische Pfau.* — Anglais : *The Black-winged Pea-Fowl.* Espagnol : *El Paro real del Japon.* — Italien : *Il Pavone del Giappone.*

Le paon du Japon, peu répandu jusqu'ici, ne diffère du précédent que par les plumes des ailes, qui ont des reflets métalliques comme celles du reste du corps. La femelle de cette espèce est blanchâtre.

PAON SPICIFÈRE. (PAVO SPICIFERUS.)

Anglais : *The Green-necked Pea-Fowl.*

Ce bel oiseau se rapproche par les nuances de son plumage du paon du Japon, dont il diffère par l'aigrette composée de vingt plumes effilées, garnies de chaque côté de la barbe de barbules fines et libres qui se réunissent pour former une palette allongée au lieu d'être arrondie comme dans les autres espèces. Cet oiseau habite l'Inde et le Japon, et depuis son introduction en Europe, il s'y est régulièrement reproduit. Au Jardin il a donné, avec le paon du Japon, des métis fort remarquables.

DINDON DOMESTIQUE. (MELEAGRIS GALLO-PAVO.)

Allemand : *Der Truthan.* — Anglais : *The Turkey.* — Espagnol : *El Pavo.* — Italien : *Il Gallo d'India.*

Cet oiseau, propre aux régions tempérées de l'Amérique du Nord, où on le rencontre encore communément à l'état sauvage, a été introduit en Europe au seizième siècle.

Le dindon sauvage vit tantôt isolément, tantôt par troupes plus ou moins nombreuses dans les bois et les campagnes couvertes de broussailles et de grandes herbes, et se retire la nuit sur les arbres les plus élevés. Ces oiseaux font souvent, vers l'automne, d'assez longs voyages, pour se procurer une nourriture plus abondante. Ils voyagent alors par troupes distinctes, les unes composées des mâles seulement et les autres des femelles et des jeunes.

Arrivés au terme du voyage, les individus s'isolent pour chercher leur nourriture, qui consiste en graines et fruits de toutes espèces, en insectes, lézards et autres petits animaux.

La femelle fait son nid avec quelques feuilles sèches au pied d'une souche ou sous un buisson. Elle y pond de dix à quinze œufs d'un blanc sale et tachetés de points rougeâtres.

Dans l'Amérique du Nord, les dindons sauvages se croisent volontiers avec les femelles domestiques et les œufs de la dinde sauvage, couvés par une poule domestique, donnent des produits très-recherchés.

Oviédo est le premier qui ait parlé de cet oiseau. Selon quelques historiens, il existerait en France depuis 1518 ou 1520; selon d'autres, il aurait été d'abord introduit en Espagne, d'où il aurait passé en Angleterre vers 1524. Cet oiseau, encore fort rare sous Henri IV, ne commença à devenir commun que vers 1630.

Le plumage d'un beau noir irisé du dindon sauvage est devenu très-variable par la domesticité; cependant il s'est formé certaines variétés assez fixes, dont les principales, que possède le Jardin, sont :

1. **La variété blanche ;**
2. — **grise ;**
3. — **cuivrée, panachée et jaspée ;**
4. — **rouge**, donnée par Mme Andréa.

PINTADE. (NUMIDICA MELEAGRIS.)

Allemand : *Das Perlhuhn.* — Anglais : *The Guinea Hen.* — Espagnol : *La Pintada ó Gallina de Guinea.* — Italien : *La Gallina de Numidia.*

PINTADE A JOUES BLEUES.

La pintade, que l'on appelle encore *Poule numidique, afri-*

caine, de Barbarie, etc., est originaire du nord de l'Afrique, et était connue des anciens sous le nom de *Meleagris.*

Cet oiseau est, depuis un temps immémorial, réduit à l'état de domesticité. Sa chair, fort délicate, ne le cède qu'à celle du faisan.

Les œufs de la pintade, plus petits que ceux de poule, à coquille très-épaisse sont d'un blanc jaunâtre, pointillés de brun plus ou moins foncé et parfois couleur nankin uniforme. La ponte est de dix-huit ou vingt œufs, que la poule dépose dans un nid grossièrement fait et qu'elle cache dans les haies et les buissons.

III. ÉCHASSIERS.

GRANDE OUTARDE. (Otis tarda.)

Allemand : *Der grosse Trappe.* — Anglais : *The great Bustard.* — Espagnol : *La Avutarda.* — Italien : *La Ottarda maggiore.*

Donnés par S. M. l'Empereur et S. A. I. l'Archiduc Ferdinand-Maximilien d'Autriche.

L'outarde mentionnée par Pline sous le nom d'*Avis tarda,* d'où, par corruption, s'est formé son nom français, est le plus grand des oiseaux coureurs de l'Europe. On la trouve communément en Hongrie, et surtout en Crimée. Autrefois assez commune en Angleterre et en France, elle y est devenue fort rare.

Cet oiseau vit en troupes peu nombreuses dans les plaines sablonneuses, rocailleuses, découvertes et un peu élevées. Essentiellement disposé pour la marche, il a le vol pesant et bas. Lorsqu'il est tranquille, sa marche est grave et posée; mais s'il est poursuivi, elle devient si rapide et si soutenue que les meilleurs chiens ne peuvent l'atteindre. Il se nourrit d'herbes, de graines diverses, de vers et d'insectes.

La femelle dépose à terre, dans un simple trou, deux ou trois œufs d'un brun olivâtre avec des taches plus foncées et gros comme ceux de l'oie.

Ces oiseaux, farouches et craintifs à l'excès, s'apprivoisent cependant facilement lorsqu'ils sont pris jeunes.

L'abondance et la délicatesse de la chair de l'outarde, qui pèse jusqu'à dix kilogrammes, ont fait souvent penser à le rendre domestique; mais les tentatives faites juqu'ici n'ont pas encore complétement réussi.

OUTARDE CANE-PÉTIÈRE. (Otis tetrax.)

Allemand : *Der kleine Trappe.* — Anglais : *The little Bustard.* — Espagnol : *La Avutarda pequeña.* — Italien : *La Ottarda minore.*

Cet oiseau, à peu près de la taille du faisan, est surtout propre à l'Europe. On le trouve surtout en Sardaigne et en Grèce. On le rencontre assez souvent en France, dans quelques départements du Centre.

La cane-pétière, aussi nommée *Poule des prés*, se tient habituellement dans les champs et dans les luzernes. Elle se nourrit de graines et d'insectes. Son vol est bas et peu soutenu ; sa course très-rapide et son caractère presque aussi farouche que celui de la grande outarde. La femelle fait son nid à terre et y pond de trois à cinq œufs d'un vert brillant. Sa chair noire est un mets très-recherché.

VANNEAU COMMUN. (Vanellus cristatus.)

Allemand : *Der Kiebitz.* — Anglais : *The Lapwing Sandpiper.* — Espagnol : *El Vanelo.* — Italien : *Il Vanello crestato.*

Le vanneau se fait remarquer par les beaux reflets verts cuivrés de son plumage presque complétement noir et par l'aigrette composée de plumes longues et effilées, d'un noir brillant, qui se balance sur sa tête, retombe sur son col et se relève à son extrémité. Essentiellement voyageur, il arrive en France au printemps, par grandes troupes, des régions septentrionales de l'Europe, et la quitte vers le mois d'octobre. Il vit en bandes, dans les terrains humides et se nourrit de vers, qu'il sait faire sortir de terre en la frappant avec ses pieds, de chenilles, de petits colimaçons, etc.

Les femelles pondent, sur une motte de terre élevée au-dessus du marécage, quatre ou six œufs d'un vert sombre et tachetés de noir.

Quoique d'un naturel farouche et querelleur, le vanneau s'apprivoise facilement.

Sa chair est très-recherchée à l'époque de la migration d'automne et ses œufs sont des plus délicats.

HUITRIER VULGAIRE. (Hæmatopus ostralegus.)

Allemand : *Der Austerfischer.* — Anglais : *The pied Oystercatcher.* — Espagnol : *El Ostrero.* — Italien : *L'Ematopo comune.*

Cet oiseau, qui porte le nom de *Pie-marine* à cause des couleurs noire et blanche de son plumage, est propre au nord de l'Europe et abonde en Angleterre et en Hollande. Il vit en troupes sur les bords de la mer et se nourrit d'huîtres et d'autres coquillages.

Les huitriers, quoique migrateurs, ne paraissent pas faire de longs voyages.

Ils nichent tantôt sur la grève nue, tantôt dans le creux d'un rocher. Les œufs, au nombre de deux ou de quatre, sont olivâtres et parsemés de nombreuses taches noires.

L'huitrier, dont la chair est mauvaise n'est qu'un oiseau d'ornement.

AGAMI. (Psophia crepitans.)

Allemand : *Der Trompetenvogel.* — Anglais : *The Gold breasted Trompeter* or *Agami.* — Espagnol : *El Trompetero ó Agami.* —Italien : *L'Ucello trombetta.*

Donné par M. Bataille.

AGAMI VERT. (Psophia viridis.)

Allemand : *Der grüne Trompetenvogel.* — Anglais : *The green Agami.* — Espagnol : *El Agami verde.* — Italien : *L'Ucello Trombetta verde.*

Donné par M. le vicomte de Lemont, consul de France à Pernambuco.

Ces oiseaux, propres à l'Amérique méridionale et particulièrement à la Guyane, au Brésil et à la Colombie, vivent en troupes de quinze à trente individus, dans les parties élevées des grandes forêts. Ordinairement ils marchent gravement et à pas comptés, mais parfois ils sautent et gambadent comme les cigognes, et, comme elles aussi, se tiennent sur une seule patte. Ils se nourrissent de baies, de graines, de vers et d'insectes. Le nid n'est qu'un simple trou creusé en terre au pied d'un arbre. La ponte est de dix à quinze œufs presque sphériques et d'un vert clair.

L'agami s'apprivoise avec la plus grande facilité, et s'attache à son maître, dont il recherche les caresses et se montre très-jaloux. Élevé en domesticité, il déploie une intelligence des plus remarquables ; il s'établit en quelque sorte l'arbitre des habitants de la basse-cour ; protégeant les faibles contre les forts et les défendant, avec un courage réellement admirable, contre des ennemis beaucoup plus forts que lui ; en un mot, il est pour les volailles ce qu'est le chien pour les troupeaux. Les observations faites au Jardin ne laissent aucun doute sur les qualités réellement extraordinaires de cet oiseau.

L'agami vert ne diffère guère de son congénère que par la nuance de son plumage.

GRUE COURONNÉE. (Grus pavonina.)

Allemand : *Der Kronenkranich.* — Anglais : *The Balearic crowned Crane.* — — Espagnol : *La Garza coronada.* — Italien : *La Gru coronata.*

Donné par M. le comte Drouin de Lhuys.

La grue couronnée, nommée aussi l'*Oiseau royal,* à cause du bouquet de plumes raides, d'un jaune d'or et terminées par un pinceau noir qu'elle porte sur la tête et qu'elle étale à volonté, habite les parties chaudes de l'Afrique, et particulièrement les contrées de la Gambra et du cap Vert.

Cet oiseau vit habituellement dans les lieux inondés où il se nourrit de petits poissons, de vers et d'insectes. Son vol est très-élevé, puissant et soutenu et sa démarche habituelle lente et grave ; enfin il aime comme les paons à se percher pour dormir.

D'un caractère doux et paisible, la grue couronnée paraît se plaire dans la société de l'homme. Elle vit très-bien en

Angleterre et en France, mais ne s'y reproduit pas malheureusement, car ce serait un magnifique ornement pour nos parcs.

GRUE DE NUMIDIE. (GRUS VIRGO.)

Allemand : *Der Jungfernkranich.* — Anglais : *The demoiselle Crane.* — Espagnol : *La Cigüeña de Numidia.* — Italien : *La Gallina de Faraone.*

Cet oiseau, propre à l'ancien continent, se trouve en Afrique et surtout dans l'ancienne Numidie et en Asie, dans les environs de la mer Caspienne. Il vit habituellement dans les lieux marécageux et sa nourriture consiste en insectes, vers, coquillages, poissons et reptiles de petite taille.

La femelle place son nid sur de petites buttes de terre ou de gazon, dans les roseaux des marécages et y dépose deux œufs seulement.

Les anciens appelaient cet oiseau le *Comédien* à cause des sautillements auxquels il se livre souvent. Son nom vulgaire de *Demoiselle de Numidie* lui vient de son élégance, de sa marche cadencée, et de la manière dont il s'incline comme pour faire la révérence. D'un caractère gai et peu farouche, il s'apprivoise très-aisément et se reproduit quelquefois en captivité. C'est un charmant ornement pour nos parcs.

GRUE CENDRÉE. (GRUS CINEREA.)

Allemand : *Der Kranich.* — Anglais : *The common Crane.* — Espagnol : *La Garza.* — Italien : *La Gru.*

Cette espèce, originaire des contrées septentrionales de l'Europe qu'elle quitte l'hiver pour les régions plus tempérées du centre et même du midi, vient, en bandes plus ou moins nombreuses, s'abattre dans les plaines marécageuses. Son vol est très-élevé, et les bandes, en volant, forment un triangle.

C'est sur de petites buttes de gazon, que la grue fait son nid avec des joncs entrelacés. La ponte n'est que de deux œufs d'une cendré verdâtre que le mâle couve avec la femelle. Cet oiseau, pris jeune, s'apprivoise aisément et même devient très-familier.

La chair de la grue était regardée par les anciens comme un mets très-recherché ; celle des jeunes est, dit-on, très-bonne ; mais celle des vieux est noire et coriace.

GRUE D'AUSTRALIE. (GRUS AUSTRALASIANA.)

Allemand : *Der australische Kranich.* — Anglais : *The australian Crane.* — Espagnol : *La Garza australiana.* — Italien : *La Gru d'Australia.*

Donnée par M. Mueller.

Cette belle espèce est propre à l'Australie et à la Nouvelle-Galles du sud, où on la nomme *Native companion* à cause de la facilité avec laquelle elle se laisse apprivoiser et de la tendance qu'elle montre à vivre dans la société de l'homme.

CAURALE. (HELIAS PHALENOÏDES.)

Donné par S. M. l'Impératrice.

On ne connaît qu'une seule espèce de ce genre, qu'on nomme vulgairement *Oiseau du soleil*, *Petit Paon des roses* et qui vit solitaire dans l'intérieur des terres, dans les grands bois et dans les savanes de la Guyane. Il préfère le bord des rivières et se nourrit de petits poissons, de larves, d'insectes et de mollusques qu'il tire de la vase.

HÉRON COMMUN. (ARDEA MAJOR.)

Allemand : *Der aschgraue Reiher.* — Anglais : *The common Heron.* — Espagnol *La Garza real.* — Italien : *L'Aghirone cenericcio.*

Cet oiseau est répandu dans presque toutes les parties du globe et est assez commun en France.

Il vit solitaire dans les forêts qui avoisinent les rivières et les lacs, ou dans les terrains entrecoupés d'eau. Sa nourriture consiste principalement en poissons, grenouilles, reptiles, mollusques, et même en petits mammifères. Son vol est magnifique et très-élevé ; sa démarche à terre est lente et grave; mais il marche peu et se tient plus volontiers perché sur un pieu ou un tronc d'arbre, immobile en attendant sa proie.

La femelle établit son nid, composé de bûchettes, de joncs et de plumes, au sommet des arbres les plus hauts, et parfois aussi dans les buissons voisins des étangs. La ponte est de trois ou quatre œufs d'un beau vert de mer, de forme allongée et presque également pointus des deux bouts.

D'un caractère triste et méfiant, le héron, pris jeune, s'apprivoise cependant avec facilité. Sa chasse, qui se faisait avec le faucon, a été très-longtemps en vogue chez nos ancêtres.

Sa chair, sèche et dure, était cependant réputée viande royale et servie dans les repas d'apparat.

HÉRON POURPRÉ. (Ardea purpurea.)

Allemand : *Der Purpurreiher.* — Anglais : *The crested-purple Heron.* — — Espagnol : *La Garza purpurea.* — Italien : *L'Aghirone purpureo.*

Cet oiseau, remarquable par la huppe qu'il porte sur le derrière de la tête et qui est formée de plumes effilées à reflets verdâtres, dont deux atteignent jusqu'à quatorze centimètres de longueur, habite les régions méridionales de l'Europe et de l'Asie.

Solitaire comme le précédent, il vit dans les environs des lacs et dans les terrains marécageux. Sa nourriture est la même que celle de son congénère. Il place ordinairement son nid dans les roseaux et les broussailles et rarement sur les arbres. La ponte est de trois œufs d'un verdâtre azuré. Ce n'est pour nous qu'un oiseau d'ornement.

CIGOGNE BLANCHE. (Ciconia alba.)

Allemand : *Der weisse Storch.* — Anglais : *The white Stork.* — Espagnol : *La Cigüeña blanca.* — Italien : *La Cicogna bianca.*

Partout oiseau de passage, non pour éviter le froid qu'elle supporte très-bien, mais pour se procurer toujours une nourriture abondante, la cigogne blanche vit l'hiver en Afrique et surtout en Egypte, et au printemps, elle revient en Europe où elle abonde dans les parties septentrionales. En France, elle fréquente plus volontiers l'Alsace et les provinces du Nord.

Cet oiseau évite les lieux déserts et arides, et affectionne au contraire les villages et les villes. Il vit de limaçons, de vers, de grenouilles et de reptiles, auxquels il fait une chasse très-active.

La femelle construit son nid avec des bûchettes et des joncs dans les lieux élevés. La ponte est ordinairement de deux et quelquefois de quatre œufs blancs, un peu ternes et moins gros, mais plus allongés que ceux de l'oie.

D'un naturel doux et confiant, la cigogne s'apprivoise avec la plus grande facilité, et devient même très-familière. Protégée dès les temps les plus reculés, il a été longtemps défendu de la tuer et aujourd'hui encore on cherche à l'attirer en lui préparant, près des habitations, des endroits commodes où elle puisse nicher. En effet, cet oiseau rend de grands services en détruisant une foule de reptiles et d'animaux nuisibles.

CIGOGNE NOIRE. (Ciconia nigra.)

Allemand : *Der schwartze Storch.* — Anglais : *The black Stork.* — Espagnol : *La Cigüeña negra.* — Italien : *La Cicogna nera.*

Cette espèce, aussi farouche que la précédente est confiante, se trouve principalement en Suisse et dans plusieurs parties de l'Allemagne, et hiverne en Egypte. Elle fuit les lieux habités, et vit solitaire dans les marais écartés et sur les bords des lacs. Elle fait son nid sur les grands arbres, au bord des eaux et pond deux ou trois œufs d'un blanc un peu sale sans taches.

MARABOUT. (Ciconia crumenifera.)

Allemand : *Der Beutelstorch.* — Anglais : *The Marabou Stork.* — Espagnol : *La Cigüeña Marabú.*

Le marabout, qu'on nomme encore *Cigogne à sac*, habite la côte occidentale de l'Afrique et principalement le Sénégal. où il vit, en troupes nombreuses, à l'embouchure des grands fleuves. Cet oiseau, qui se nourrit de coquillages et de poissons, détruit aussi beaucoup de serpents et d'animaux nuisibles.

Le marabout, d'un caractère très-timide, s'apprivoise avec

la plus grande facilité. Dans quelques-uns des pays qu'il habite, on l'a réduit à une sorte de domesticité, pour se procurer, facilement et sans être obligé de le tuer, certaines plumes connues sous le nom de *Marabouts*, à barbe fines et frisées et d'un blanc de neige, qu'il porte de chaque côté du croupion et qui sont l'objet d'un commerce assez considérable.

SPATULE BLANCHE. (PLATALEA LEUCORODIA.)

Allemand : *Der weisse Löffler.* — Anglais : *The white Spoonbill.* — Espagnol : *La Espatula.* — Italien : *La Platalea mestolone.*

La spatule, ainsi nommée de la forme toute particulière de son bec aplati et élargi par le bout, est un oiseau de passage qui se trouve dans presque toutes les contrées de l'ancien monde. Elle se tient de préférence dans les marécages ombragés par d'épais bosquets. Sa nourriture consiste en frai de poisson, en insectes et en petits reptiles.

La femelle fait, sur les arbres les plus élevés du rivage, et quelquefois à terre, au milieu des joncs, son nid composé de bûchettes et de duvet. La ponte est de deux ou trois œufs blancs marqués de petites taches roussâtres.

Cet oiseau s'apprivoise facilement et peut orner le bord des pièces d'eau.

IBIS SACRÉ. (IBIS RELIGIOSA.)

Allemand : *Der gemeilme Ibis.* — Anglais : *The sacred Ibis.* — Espagnol : *El Ibis sagrado.* — Italien : *L'Ibis bianca.*

L'ibis sacré, ainsi nommé parce que les anciens Egyptiens lui rendaient une sorte de culte, est un oiseau migrateur, qui habite la Nubie et l'Éthiopie.

Il vit par petites troupes de huit à dix individus, dans les terrains marécageux, et se nourrit de vers, d'insectes aquatiques et de petits coquillages, qu'il cherche en fouillant la vase avec son bec.

Le nid de cet oiseau, placé sur les arbres, se compose de bûchettes, de joncs et d'herbes sèches assez bien arrangées, et contient deux ou trois œufs blanchâtres.

De mœurs douces et paisibles, l'ibis, pris jeune s'apprivoise facilement. Ce n'est pour nous qu'un objet d'ornement.

IBIS ROUGE. (IBIS RUBRA.)

Allemand : *Der rothe Ibis.* — Anglais : *The scarlet Ibis.* — Espagnol : *El Ibis rojo.* — Italien : *L'Ibis rossa.*

Cet oiseau, propre à toutes les contrées chaudes de l'Amérique du Sud, vit en troupes nombreuses sur les bords de la mer, et de préférence sur les plages sablonneuses des grandes rivières. Il se nourrit d'insectes, de coquillages et de poissons qu'il cherche dans la vase.

La femelle fait son nid dans les grandes herbes avec des bûchettes et des joncs entrelacés et y pond des œufs de couleur verdâtre.

D'un naturel peu farouche, ces oiseaux s'apprivoisent facilement. Leur chair est mauvaise ; mais s'il était possible de les acclimater parmi nous, ce serait un magnifique ornement pour nos parcs.

TANTALE A FESTONS ROSES. (TANTALUS IBIS.)

Cet oiseau du Sénégal diffère de son congénère de l'Amérique du Sud par son plumage tout blanc à l'exception d'une zône d'un pourpre éclatant qui serpente sur ses ailes et d'où il tire son nom. Il vit sur le bord des rivières et des étangs et se nourrit d'insectes, de larves et de petits mollusques.

COURLIS VULGAIRE. (NUMENIUS ARCUATUS.)

Allemand : *Der grosse Brachvogel.* — Anglais : *The common Curlew.* — Espagnol : *El Chorlo.* — Italien : *Il Numenio chiurlo.*

Cet oiseau se trouve en Sibérie et autres contrées du Nord, qu'il quitte au printemps pour se répandre, vers le Sud, jusqu'en Grèce et en Egypte. Il arrive en France vers le mois d'avril et la quitte à la fin d'août. Il vit par bandes sur les bords de la mer, des rivières, dans les prairies humides mais non inondées. Il vole bien et court avec une extrême rapidité. La femelle pond, dans un trou creusé dans le sable, quatre ou cinq œufs verdâtres, avec des taches arrondies, d'un brun rougeâtre qui forment comme une couronne au gros bout.

Sa chair est peu recherchée ; mais ses œufs sont des plus délicats.

CORLIEU ou **PETIT COURLIS.** (NUMENIUS PHŒOPHUS.)

Allemand : *Der Regenvogel.* — Anglais : *The Whimbrel.* — Espagnol : *El Chorlito.* — Italien : *Il picciolo Chiurlo.*

Cet oiseau, très-commun en Europe et en Asie, ne diffère du précédent que par sa taille moitié moindre et par les couleurs moins vives de son plumage. Il vit dans les mêmes localités que le courlis, par troupes qui ne se mêlent jamais avec celles de ce dernier.

BARGE MARBRÉE ORDINAIRE. (LIMOSA MELANURA.)

Allemand : *Der Pulschnepfe.* — Anglais : *The Stone-plover.* — Espagnol : *La Limosa.* — Italien : *La Pantana.*

BARGE ROUSSE. (LIMOSA RUFA.)

Ces deux espèces, propres à l'Europe, vivent dans les marécages et surtout dans les marais salants. Leur nourriture consiste en vers aquatiques et en petits crustacés qu'elle cherchent dans la vase avec leur bec mou et flexible. Elle font leur nid dans les hautes herbes sur le bord des marais, et leur ponte est de trois ou quatre œufs très-gros proportionnellement et assez arrondis.

COMBATTANT. (TRINGA PUGNAX.)

Allemand : *Das Streithuhn.* — Anglais : *The Ruffle.* — Espagnol : *El Pavo de mar.* — Italien : *Il Pavone di mare.*

Cet oiseau d'Europe, remarquable par l'espèce de large collerette que forment les plumes du col, est très-commun en Hollande. Au printemps, il se tient dans les prairies humides par compagnies qui, à l'automne, se répandent sur les rivages. Il vit d'insectes et de vers et court avec rapidité. Il niche dans les grandes herbes et pond quatre ou cinq œufs d'un vert clair, avec un grand nombre de petites taches brunes.

FLAMMANT. (PHÆNICOPTERUS RUBER.)

Allemand : *Der Flamingo.* — Anglais : *The red Flamingo.* — Espagnol : *El Flamenco.* — Italien : *Il Fenicottero rosso.*

Donné par S. E. Kœnig-Bey.

Le nom de cet oiseau lui vient de la belle couleur rouge de son plumage (*flammant* en vieux français pour *flambant*). Il est propre à l'Afrique et aux parties méridionales de l'Europe. Il se trouve en été sur les plages de la Méditerranée, et il est assez commun dans la Camargue.

Le flammant vit en troupes nombreuses sur les plages découvertes des bords de la mer, des grands fleuves et des étangs. Il vit de coquillages, d'insectes, de larves et de frai de poisson.

La femelle établit son nid sur les plages, au sommet d'une petite éminence naturelle, et y dépose deux ou trois œufs gros comme ceux de l'oie, d'un blanc mat, et dont la coquille est couverte d'une poussière crétacée.

Le flammant, d'un caractère très-méfiant, mais doux et tranquille, est facile à apprivoiser.

La chair et surtout la langue de cet oiseau étaient très-estimées des Romains.

IV. PALMIPÈDES.

FOULQUE ORDINAIRE. (FULICA ATRA.)

Allemand : *Das gemine Wasserhuhn.* — Anglais : *The common Coot.* — Espagnol : *La Fulica negra.* — Italien : *La Fulca.*

La foulque, vulgairement nommée *Morelle* ou *Judelle*, se trouve dans toute l'Europe et surtout en Sardaigne. Cet oiseau habite les marais, les lacs et les étangs, et se tient de préférence, pendant l'été, sur les pièces d'eau peu étendues; vers la fin de l'automne, il gagne les grands étangs et enfin, quand tout est gelé, il se retire dans les plaines plus abritées. Sa nourriture consiste en vers, en insectes d'eau et en graines d'herbes marécageuses.

La femelle fait son nid dans les roseaux secs et y dépose de douze à dix-huit œufs en forme de poire, aussi gros que ceux de poule et d'un nankin sale avec de petits points bruns, qui sont excellents à manger et se trouvent en abondance sur les marchés de la Hollande.

POULE D'EAU. (Gallinula chloropus.)

Allemand : *Das Rothblatesschen.* — Anglais : *The common Walerhen.* — Espagnol : *La Gallineta.* — Italien : *Il Porzanone.*

Cette jolie espèce, commune en France et dans tout le centre de l'Europe, se tient sur le bord des rivières, et des étangs. Elle émigre deux fois par an et revient se reproduire au lieu où elle a fait sa première ponte. Elle se nourrit d'insectes à peu près comme la foulque. Elle niche au bord des eaux et pond de sept à huit œufs que le mâle et la femelle couvent alternativement.

POULE SULTANE DE JAVA. (Porphyrio smaragdinus.)

Allemand : *Der Smaragsultan.* — Anglais : *The Emerald Water-Hen.* — Espagnol : *El Calamon javanese.* — Italien : *La Gallina Sultana color di smeralda.*

Ce charmant oiseau, propre aux îles de Java et de Sumatra, habite de préférence le bord des eaux douces et les plaines marécageuses. Ses mœurs se rapprochent beaucoup de celles de la poule d'eau ; mais il se nourrit plus particulièrement de graines dont il casse facilement les enveloppes, avec son bec, auquel, comme les perroquets, il porte sa nourritures avec ses pattes.

La poule sultane, d'un caractère très-tranquille, s'apprivoise avec la plus grande facilité.

GOELAND A MANTEAU NOIR. (Larus marinus.)

Allemand : *Die Seemewe.* — Anglais : *The black-backed Gull.* — Espagnol : *La Gaviota dominicana.* — Italien : *Il Laro nero.*

Cet oiseau, le plus grand de ceux de cette famille, est répandu dans toutes les mers de l'Europe, de l'Afrique et de l'Amérique. Dans nos contrées, il fréquente de préférence les côtes de l'Océan. Il vit en troupes extrêmement nombreuses, tantôt à terre et tantôt à la mer où il peut affronter les plus gros temps.

Il fait son nid sur les falaises des bords de la mer et pond deux œufs du volume de ceux de poule, d'un gris olivâtre avec des taches irrégulières d'un brun noir, et qui sont assez bons à manger.

GOELAND A MANTEAU BLEU. (Larus glaucus.)

Allemand : *Die Weissegravemewe.* — Anglais : *The silvery Gull.* — Espagnol : *La Gaviota de capa azul.* — Italien : *Il Laro argentato.*

Plus petit que le précédent, le goëland à manteau bleu se trouve dans les mêmes régions, et, comme lui, vit par bandes nombreuses. Il niche dans les falaises, et ses œufs, au nombre de deux, sont d'un beau poli et marqués de taches petites, noires ou brunes et d'autres plus grandes d'un brun sombre ou gris clair.

MOUETTE RIEUSE. (Larus ridibundus.)

Allemand : *Die Lachmewe.* — Anglais : *The Black-headed Gull.* — Espagnol : *La Gaviota de cabeza negra.* — Italien : *Il Laro con testa nera.*

De passage en Allemagne et en France, cette espèce abonde en Hollande dans toutes les saisons. Elle se nourrit d'insectes, de vers et de petits poissons. Elle niche près de la mer, à l'embouchure des rivières ; sa ponte est de trois œufs à fond olivâtre et souvent parsemés de grandes taches brunes.

MOUETTE ORDINAIRE. (Larus canus.)

Allemand : *Die Kleine graue Mewe.* — Anglais : *The common Gull.* — Espagnol : *La Gaviota comun.* — Italien : *La Gavina.*

La mouette ordinaire, propre au nord de l'Europe, habite les bords de la mer et, à l'approche des ouragans, se répand dans les terres. Ses œufs sont d'une couleur ocracée blanchâtre, et marqués irrégulièrement de taches cendrées et noires.

CORMORAN. (Carbo cormoranus.)

Allemand : *Der Kormoran.* — Anglais : *The Corvorant.* — Espagnol : *El Cuervo marino.* — Italien : *Il Corvo marino.*

Cet oiseau à peu près de la taille d'une oie est propre au Nord des deux continents et se trouve assez fréquemment en France et en Angleterre, dans les contrées voisines de la mer. Sa nourriture principale consiste en poissons, surtout en anguilles dont il fait une énorme consommation, qu'il pêche avec beaucoup d'adresse avec ses pattes et qu'il jette ensuite en l'air pour les recevoir par la tête dans son large gosier. Il niche dans les fentes de rochers, dans les joncs ou sur les arbres et pond trois ou quatre œufs d'un vert pâle, presque égaux des deux bouts et recouverts d'une couche calcaire dont la surface est rude et blanchâtre.

On se servait autrefois en Angleterre du cormoran pour la pêche, et on le dressait à rapporter à son maître le poisson qu'il prenait. Cette coutume, abandonnée chez nous, est encore en usage en Chine.

PÉLICAN BLANC. (Pelecanus onocrotalus.)

Allemand : *Der weisse Pelikan.* — Anglais : *The white Pelican.* — Espagnol : *El Pelicano blanco.* — Italien : *Il Pelicano onocrotalo.*

Le pélican blanc répandu dans toutes les contrées méridionales de l'ancien et du nouveau continent, se trouve aussi en France, mais assez rarement.

Ce qui le distingue principalement, c'est l'énorme poche qu'il porte sous la mandibule inférieure du bec et qui lui sert de magasin pour conserver le poisson dont il fait sa principale nourriture.

Cet oiseau nage avec grâce et plonge très-facilement. Sa manière de pêcher diffère, suivant qu'il est seul ou en troupes. Seul, il se laisse tomber sur l'eau, qu'il frappe fortement de ses ailes pour étourdir le poisson. En troupe, les individus forment un cercle, qu'ils rétrécissent peu à peu, et dans lequel ils renferment leur proie; puis, à un moment donné, ils battent l'eau de leurs ailes et pêchent, on peut le dire, en eau trouble. Lorsque la poche est pleine, l'oiseau se retire sur quelque pointe de rocher et commence réellement son repas. Pour cela, il comprime son sac sur sa poitrine, pour en faire sortir les poissons, qu'il avale. Le sang qu'il dégorge ainsi, tachant quelquefois son plumage blanc, a donné lieu à la croyance vulgaire qu'il se déchire lui-même pour nourrir ses petits.

Le pélican fait son nid à terre, entre les roches, sur le bord des eaux. Ses œufs, au nombre de deux à cinq, sont blancs, presque égaux des deux bouts et gros comme ceux du cygne.

Cet oiseau s'apprivoise facilement. On a proposé de le dresser pour la pêche comme les Chinois ont fait du cormoran; mais nous ne sachons pas qu'on y ait réussi.

CYGNE DOMESTIQUE. (Cygnus olor.)

Allemand : *Der Schwan.* — Anglais : *The common Swan.* — Espagnol : *El Cisne.* — Italien : *Il Cygno domestico.*

Le cygne vit, à l'état sauvage, en troupes peu nombreuses, sur les grandes mers et les lacs des parties orientales de l'ancien continent.

Son vol, très-soutenu, lui permet d'entreprendre de très-longs voyages. La femelle fait son nid sur les rivages, dans une touffe de grandes herbes, ou sur un amas de roseaux flottants et elle y pond de cinq à huit œufs très-oblongs, à coquille dure, épaisse et d'un gris verdâtre clair.

Le cygne vit d'insectes et de larves d'eau, et aussi de plantes et de graines aquatiques.

La beauté de cet oiseau l'a fait réduire, depuis un temps presque immémorial, à une sorte de domesticité; mais il conserve une certaine indépendance et ne veut pas être entièrement privé de sa liberté.

Les cygnes étaient autrefois beaucoup plus communs en France qu'ils ne le sont aujourd'hui et la Seine en était couverte.

Outre ses qualités comme oiseau d'ornement, le cygne fournit à l'industrie des plumes et un duvet d'une grande douceur, et sa peau, préparée en conservant le duvet qui la recouvre, donne une fourrure très-recherchée.

Le Jardin en possède plusieurs de la variété remarquable dont les petit naissent blancs.

CYGNE NOIR. (CYGNUS ATRATUS.)

Anglais : *Der schwartz Schwan.* — Anglais : *The black Swan.* — Espagnol : *El Cisne negro.* — Italien : *Il Cigno nero.*

Cette espèce, dont le plumage noir forme un contraste si frappant avec la blancheur du précédent, est propre aux côtes méridionales de la Nouvelle-Hollande et de la terre Van-Diémen où il est très-commun.

Le premier de ces oiseaux qu'on ait vu vivant en Europe est celui qui existait à la Malmaison du temps de l'Impératrice Joséphine. Ce n'est que depuis un trentaine d'années, qu'on l'a introduit d'abord en Angleterre, puis dans d'autres pays. Il vit très-bien en captivité dans nos climats et se reproduit aussi régulièrement que le cygne ordinaire. C'est un magnifique oiseau d'ornement pour les pièces d'eau.

OIE PREMIÈRE. (ANSER FERUS)

Allemand : *Die wilde Gans.* — Anglais : *The Wild* or *Grey-lag-Goose.* — Espagnol : *La Oca silvestre.* — Italien : *L'Oca silvatica.*

Cette espèce, aussi nommée *Oie cendrée*, est la souche de toutes les races que nous tenons en domesticité. Elle habite les mers, les plages et les marais des contrées orientales de l'Europe et s'avance peu vers le nord. Elle est très-commune dans le centre du continent Européen, où elle se reproduit communément.

OIE DES MOISSONS. (ANSER SEGETUM.)

Allemand : *Die Saatgans.* — Anglais : *The Bean Goose.*

Cet oiseau, qu'on a souvent confondu avec le précédent et considéré comme la véritable oie sauvage, en diffère cependant par ses ailes plus longues et par son bec de deux couleurs. Il est propre aux régions arctiques de l'Europe, où il niche et ne se montre dans les contrées tempérées que l'hiver et par bandes considérables.

OIE RIEUSE. (Anser albifrons.)

Allemand : *Die Blässgans.* — Anglais : *The laughing Goose.* — Espagnol : *El Ganso risueño.* — Italien : *L'Oca ridente.*

Cette espèce, remarquable par la grande tache d'un blanc pur qu'elle porte sur le front, est originaire des régions septentrionales des deux continents, où seulement elle se reproduit. A l'automne, les oies rieuses se rassemblent en bandes nombreuses et émigrent vers le centre de l'Europe, où elles passent l'hiver. Le nom que cet oiseau porte lui vient de son cri rauque qui a quelque ressemblance avec un éclat de rire.

C'est, assure-t-on, un excellent gibier.

OIE DOMESTIQUE. (Anser domesticus.)

Allemand : *Die Hausgans.* — Anglais : *The domestic Goose.* — Espagnol : *El Ganso.* — Italien : *L'Oca.*

L'oie sauvage, *Anser ferus*, réduite en domesticité depuis les temps les plus reculés, est le type de toutes les races et variétés domestiques que nous possédons aujourd'hui. Essentiellement voyageuse, cette espèce habite l'été les régions septentrionales des deux continents, qu'elle quitte par bandes innombrables au commencement de l'hiver pour se répandre dans les contrées plus tempérées.

Cet oiseau, qui nage très-bien, mais ne plonge pas, se tient, pendant le jour, dans les marais et les prairies, où il se nourrit de plantes aquatiques, de graines et d'insectes, et le soir, il se rend sur les étangs et les rivières pour y passer la nuit; différant en cela des canards, qui ne quittent presque jamais l'eau.

La femelle pond, au printemps, de douze à quinze œufs blancs, plus gros et plus arrondis que ceux de poule.

On élève beaucoup d'oies en France et c'est dans les environs de Toulouse qu'on trouve la variété qui porte ce nom;

elle est presque toujours grise, d'un volume presque égal à celui du cygne et s'engraisse facilement. L'oie de Gascogne est plus petite mais plus féconde et d'une chair plus délicate.

Les foies gras, la graisse très-abondante et d'une grande finesse, les plumes et le duvet que fournissent les oies, donnent lieu à un commerce assez considérable.

OIE DU DANUBE.

Allemand : *Die Turkischegans.*

C'est une variété fixe de l'oie domestique, qui se fait remarquer par la blancheur de ses plumes frisées et tombantes. C'est un charmant ornement pour les pièces d'eau.

OIE DE GUINÉE. (ANSER CYCNOÏDES.)

Allemand : *Die guineische Schwanengans.* — Anglais : *The chinese Goose.* — Espagnol : *El Ganso de guinea.* — Italien : *L'Oca di Guinca.*

Cet oiseau, originaire des contrées brûlantes de l'Afrique, où il vit à l'état sauvage, est très-commun en Russie, où il est acclimaté depuis longtemps et où il vit en domesticité. Quoique différant beaucoup de l'oie domestique, il se croise volontier avec elle, et donne des métis féconds.

La beauté, la taille et la bonté de la chair de cet oiseau méritent qu'on s'occupe de le propager parmi nous.

OIE DU CANADA. (ANSER CANADENSIS.)

Allemand : *Die kanadische Schawnengans.* — Anglais : *The Canada Goose.* — Espagnol : *El Ganso del Canada.* — Italien : *L'Oca del Canada.*

Plus grosse que l'oie domestique, cette espèce en diffère encore par le col et le corps plus longs et aussi par une tache blanche et noire sur la gorge, d'où lui vient le nom d'*Oie à cravate.* Elle habite les parties les plus froides de l'Amérique septentrionale, d'où elle émigre, par bandes très-nombreuses, pour passer l'hiver dans les contrées plus tempérées.

L'oie du Canada, dont la chair est très-délicate, a été depuis longtemps introduite en France, et on l'élève avec succès en Angleterre et en Allemagne.

OIE DE GAMBIE. (ANSER GAMBENSIS.)

Allemand : *Die gambiische Gans.* — Anglais : *The Spur-winged Goose.* — Espagnol : *El Ganso armado.* — Italien : *L'Oca armata.*

Cet oiseau se trouve dans l'Afrique méridionale et principalement au Sénégal. Il se fait remarquer par son plumage bronzé et par le double éperon qu'il porte au pli de l'aile.

OIE ARMÉE. (ANSER ÆGYPTIACUS.)

Allemand : *Die ægyptische Gans.* — Anglais : *The egyptian Goose.* — Espagnol : *El Ganso egipcio.* — Italien : *L'Oca d'Egitto.*

Cet oiseau, nommé aussi *Oie d'Egypte*, se trouve dans tout le midi de l'Afrique et surtout en Egypte, où il abonde dans les lieux inondés par le Nil. Quelques individus isolés pénètrent jusqu'en France.

L'oie armée porte au pli de l'aile un petit éperon d'où lui vient son nom. Quand elle n'est pas à l'eau, elle se tient de préférence sur les arbres. Elle niche cependant à terre dans les broussailles et dans les prairies situées près des eaux. La ponte est de six à huit œufs verdâtres.

Cet oiseau s'élève fort bien en domesticité et sa chair est très-bonne.

BERNACHE ORDINAIRE. (BERNICLA LEUCOPSIS.)

Allemand : *Die weissköpfige Bernakelgans.* — Anglais : *The Bernicle Goose.* — Espagnol : *La Bernicla comun.* — Italien : *La Bernacla.*

La bernache, nommée communément *Oie nonette*, à cause des grandes places blanches et noires de son plumage, vit dans les régions les plus froides des deux continents, où seulement elle se reproduit. Lorsque sa nourriture, qui consiste en racines de plantes aquatiques, en insectes d'eau et en petits poissons, vient à lui manquer, elle quitte ces parages glacés pour se répandre par bandes nombreuses, en Europe jusqu'en France, et en Amérique jusque dans les Florides.

Cet oiseau, qui niche habituellement dans les fentes de rochers sur les rivages inhabités, se reproduit facilement en captivité. C'est un gibier d'eau fort estimé et considéré comme maigre.

CRAVANT. (Anser bernicla.)

Allemand : *Die Bernakelgans.* — Anglais : *The Brent Goose.* — Espagnol : *La Oca de tocado.* — Italien : *L'Anitra columbaccio.*

Cet oiseau habite les marais et les bruyères des régions antarctiques. Il ne niche que dans ces contrées et ses œufs sont blancs et obtus. Il émigre par grandes bandes vers le Sud pour passer l'hiver. Il était à peine connu en France avant 1740, année, où l'on en vit apparaître une immense quantité sur les côtes de l'Océan.

Le cravant, d'un caractère extrêmement timide, s'apprivoise facilement et s'élève très-bien dans les basses-cours.

Ce gibier, considéré comme maigre, est très-estimé dans les pays où il abonde.

BERNACHE DU MAGELLAN. (Cloephaga polyocephala.)

Allemand : *Die magellanische Gans.* — Anglais : *The Ashy-headed Goose.* — Espagnol : *La Bernicla de Magallanes.* — Italien : *La Bernacla di Magellan.*

BERNACHE DU MAGELLAN A TÊTE ROUGE.
(Chloephaga rubidiceps.)

Anglais : *The Ruddy-headed Goose.*

GRANDE BERNACHE DU MAGELLAN.
(Chloephaga magellanica.)

Anglais : *The Upland Goose,*

Ces trois espèces qui se distinguent les unes des autres, la première par sa tête grise cendrée ; la seconde par la belle couleur rouge pourpré de la tête et du col, et la troisième par sa taille beaucoup plus grande, habitent les terres magellaniques et l'archipel de la Mère-de-Dieu. La chair de la première espèce est bonne à manger, au rapport d'une personne de notre connaissance qui s'en est nourrie pendant plusieurs mois. Introduite, il y a peu d'années, en Angleterre par le capitaine Moore, elle s'est reproduite facilement. Celle à tête rouge, plus récemment importée, s'est reproduite au Jardin zoologique de Londres.

BERNACHE DES SANDWICH. (Bernicla sandwicensis.)

Allemand : *Die sandwische Gans.* — Anglais : *The Sandwich-island Goose.* — Espagnol : *El Ganso de las islas Sandwich.* — Italien : *L'Oca dell' isole di Sandwich.*

Donné par M. Pomme.

Cette jolie espèce, propre aux îles dont elle porte le nom, a été importée pour la première fois en Europe en 1832. Deux couples offerts en présent à la Société zoologique de Londres et à lord Derby ont produit tous les individus existant aujourd'hui en Europe. C'est, à proprement parler, un oiseau de terre, car il ne va à l'eau que très-rarement. Il mérite de fixer l'attention, comme oiseau d'ornement.

CÉRÉOPSE CENDRÉ. (Cereopsis novæ-hollandiæ.))

Allemand : *Die Koppengans.* — Anglais : *The Cereopsis Goose.* — Espagnol : *El Cercopsis ceniciento.* — Italien : *Il Cercopside de la Nova-Hollanda.*

Le céréopse cendré, qui se rapproche des bernaches, dont il diffère cependant par la petitesse de son bec et par la membrane jaune clair qui le recouvre en partie, ne se trouve qu'en Australie, où il devient de jour en jour plus rare dans les parties occupées par les Européens. Ce charmant oiseau est d'une importation assez récente en Angleterre, où il vit et se reproduit régulièrement. Il va très-peu à l'eau, et s'apprivoise avec la plus grande facilité.

Ce n'est encore pour nous qu'un objet d'ornement.

CANARD SIFFLEUR. (Anas penelope.)

Allemand : *Die Pfeifente.* — Anglais : *The Wigeon.* — Espagnol : *El Anade penelope.* — Italien : *L'Anitra penelope.*

Le canard siffleur est un habitant des régions septentrionales de l'Europe, d'où il nous arrive vers le mois de novembre. Ses troupes nombreuses s'avancent beaucoup vers le sud et jusqu'en Égypte. En France, elles se voient principalement sur les côtes de la Picardie.

Ces oiseaux nous quittent vers le mois de mars; quelques-uns restent en Hollande où ils nichent pendant l'été; mais on n'en voit jamais en France dans cette saison. Ils se nourrissent de plantes et de graines aquatiques, de grenouilles et d'insectes d'eau.

Leur ponte est de huit à dix œufs d'un gris verdâtre. C'est un bon gibier d'eau.

CANARD MORILLON. (Anas fuligula.)

Allemand : *Die Strausente.* — Anglais : *The tufted Duck.* — Espagnol : *El Anade crestado pequeño.* — Italien : *La Morettina.*

Le morillon, plus petit que le canard domestique, dont il diffère encore par sa large huppe pendante, et par son plumage d'un beau noir luisant à reflets pourprés, habite le nord de l'Europe et de l'Asie. On le trouve, à son double passage, en France et dans les contrées tempérées de l'Europe, et même jusqu'en Egypte.

Cette espèce qui fréquente les eaux douces et la mer s'apprivoise avec facilité.

CANARD MILOUIN. (Anas ferina.)

Allemand : *Der Tafelente.* — Anglais : *The Red-headed Pochard.* — Espagnol : *El Miluino.* — Italien : *La Milluina.*

Ce canard habite le nord de l'Europe et de l'Amérique et se tient presque toujours sur l'eau qu'il empêche, assure-t-on, de geler autour de lui en s'agitant continuellement. Il se nourrit de vers, de petits crustacés et de poissons. D'un caractère très-timide à terre, il est très-courageux sur l'eau.

CANARD PILET. (Anas acuta.)

Allemand : *Die Spissente.* — Anglais : *The Pintail.* — Espagnol : *El Anade de cola larga.* — Italien : *L'Anitra di cola lunga.*

Cet oiseau se distingue des autres canards par les deux

plumes longues et étroites qui terminent sa queue, et qui lui ont valu les noms de *Canard-faisan* et *Faisan de mer.*

Habitant des régions les plus glacées des deux continents, le canard pilet se répand, pendant l'hiver, dans les contrées tempérées et même chaudes.

Vers le mois de novembre, il arrive en France par bandes nombreuses sur les rivages de la Picardie. Au printemps, il regagne la mer pour retourner au nord, où il niche dans les herbes et les joncs. Sa ponte est de huit à dix œufs d'un blanc verdâtre.

C'est un excellent gibier, considéré comme maigre, et plus estimé que le canard sauvage.

CANARD TADORNE. (ANAS TADORNA.)

Allemand : *Die Brandente.* — Anglais : *The common Sheldracke.* — Espagnol : *La Tardona.* — Italien : *La Branta.*

Un peu plus gros que le canard domestique, et aussi plus haut sur pattes, cet oiseau habite le nord de l'Europe, d'où il émigre, pour paraître sur nos côtes septentrionales au commencement du printemps.

Essentiellement voyageur, le canard tadorne ne va jamais que par paires, il s'établit de préférence dans les plaines sablonneuses du bord de la mer, où la femelle dépose, dans un terrier de lapin abandonné, de dix à quinze œufs, plus ronds que ceux de la cane et d'un blond clair et qu'elle recouvre de duvet.

Cette manière de nicher sous terre, propre à cette espèce seulement, avait été remarquée par les anciens qui, pour cette raison, lui avaient donné les noms de *Vulpanser* et de *Chenalope* c'est-à-dire *Oie-renard.*

D'un naturel doux et peu sauvage, cette espèce s'élève facilement en domesticité, en faisant couver leurs œufs par une cane domestique.

Sa chair très-délicate et ses œufs excellents à manger, le duvet qu'il donnent et enfin la beauté de ses couleurs la rendent digne de fixer l'attention.

CANARD SOUCHET. (ANAS CLYPEATA.)

Allemand : *Die Löffelente.* — Anglais : *The Shoveler.* — Espagnol : *El Anade de pico grande.* — Italien : *L'Anitra Spatola.*

Du Nord des deux continents, ce canard est remarquable par son bec large, noir en dessus et jaunâtre en dessous et par sa tête et son cou d'un vert foncé et irisé.

CANARD CHIPEAU. (ANAS STREPERA.)

Allemand : *Der Schnaatterente.* — Anglais : *The common Godwall.*

Ce canard, d'une taille un peu plus grande que celle du canard sauvage, a la tête et le cou gris pointillé de noir et une tache blanche au milieu des ailes. Il est propre au nord de l'Europe où il passe l'été et se montre en France sur nos côtes.

CANARD MILOUINAN. (ANAS MARITA.)

Allemand : *Die Bergente.* — Anglais : *The Scop Duck.*

Cette espèce propre aux régions septentrionales des deux continents, et un peu plus grande que le Milouin, est blanchâtre en dessus avec des raies noires très-fines ; la tête et le cou sont noirs à reflets verts.

CANARD NYROCA. (ANAS LEUCOPHTALMOS.)

Anglais : *The White-eyed Duck.*

Ce canard, remarquable par l'iris blanc de l'œil, par son bec noirâtre avec une tache angulaire blanche et ses pieds bleus cendrés, se trouve dans les parties orientales de l'Europe.

CANARD KASARKA. (ANAS CASARCA.)

Allemand : *Die gelbrothe Ente.* — Anglais : *The ruddy Sheldrake.*

Cette espèce vit, pendant l'été, dans les parties les plus septentrionales de l'Europe et de l'Asie qu'elle quitte au commencement de l'hiver pour se répandre dans les contrées plus tempérées.

De la taille du canard domestique, il se rapproche de l'oie par ses pieds et va toujours par couples. A terre, il n'a pas la démarche gauche et disgracieuse de ses congénères. La femelle fait son nid dans les cavernes et dans les fentes de rochers et pond de huit à dix œufs blancs, à coquille lisse et un peu plus gros que ceux du canard sauvage.

La chair de cet oiseau qui s'apprivoise aisément est, selon les uns, un gibier excellent, et selon d'autres, elle n'est pas mangeable.

CANARD A BEC ROUGE. (ANAS AUTUMNALIS.)

Anglais : *The Red-billed-tree-Duck.*

Ce canard est remarquable par son bec et ses pattes d'un beau rouge et par les nuances douces de son plumage. Plus haut monté que nos canard ordinaires, il est beaucoup moins aquatique qu'eux et vit de préférence dans les prairies humides de la Guyane et du Brésil.

SARCELLE D'HIVER. (ANAS CRECCA.)

Allemand : *Die kleine Krickente.* — Anglais : *The common Teal.* — Espagnol : *La Cerceta pequeña.* — Italien : *L'Arzavoletta.*

Cette espèce, très-commune pendant l'hiver en France, se trouve dans toute l'Europe. Elle fréquente les étangs et, lorsqu'ils sont couverts de glace, les rivières et les fontaines qui ne gèlent pas. Elle se nourrit de graines, de plantes aquatiques, d'insectes et de petits poissons.

La femelle fait, dans les joncs, son nid qu'elle garnit de beaucoup de plumes et qu'elle dispose sur l'eau de façon qu'il hausse ou qu'il baisse suivant le niveau du liquide. La ponte est de huit ou dix œufs d'un blanc sale et marqués de petites taches rousses.

La chair de la sarcelle est meilleure que celle de tous les autres canards, et regardée comme gibier maigre.

SARCELLE D'ÉTÉ. (ANAS QUERQUEDULA.)

Allemand : *Die Winterkrikente.* — Anglais : *The Garganey Teal.* — Espagnol : *La Cerceta.* — Italien : *La Cercedula.*

Cet oiseau, commun en France pendant l'été, ne diffère de

l'espèce précédente que par quelques nuances du plumage, par la bande blanche qui entoure les yeux et par sa gorge noire.

CANARD DE LA CAROLINE. (ANAS SPONSA.)

Allemand : *Die Plumente.* — Anglais : *The sommer Duck.* — Espagnol : *El Anade de la Carolina.* — Italien : *L'Anitra capelluta.*

Ce canard, remarquable par la beauté de son plumage, habite, l'été, les régions glaciales du nouveau continent, et émigre, l'hiver, dans toutes les contrées tempérées de l'Amérique septentrionale. Il vit de préférence dans les cantons boisés où se trouvent des rivières. Il perche quelquefois sur les arbres, dans les trous desquels il place son nid. Sa ponte est de huit à douze œufs. En France, il se reproduit facilement dans nos volières, pourvu qu'on ait soin d'y placer quelques arbrisseaux.

CANARD MANDARIN. (ANAS GALERICULATA.)

Allemand : *Die Mandarinenente.* — Anglais : *The Mandarin Duck.* — Espagnol : *La Cerceta de la China.* — Italien : *L'Arzavoletta di China.*

Le mandarin, qu'on appelle encore *Canard à éventail* et *Sarcelle de la Chine,* se fait remarquer, par la beauté de son plumage, par la richesse de son panache vert et pourpre et enfin par la disposition singulière des deux plumes qu'il porte au-devant de chaque aile, et dont les barbes, coupées carrément et d'une longueur extraordinaire, lui forment comme deux ailes de papillon d'un beau rouge orangé.

Plus petit que le canard ordinaire, il est originaire du Nord de la Chine et se trouve principalement dans la province de Nan-King. Réduit en domesticité en Chine, il sert à orner les cours et les jardins. On le regarde comme le symbole de la fidélité conjugale; et il est d'usage que les amies d'une jeune mariée lui offrent, le jour de la noce, une paire de ces oiseaux.

C'est vers 1850, que cette charmante espèce a été introduite en Hollande d'abord, puis en Angleterre et enfin en France où elle s'est reproduite au point de ne plus être rare.

CANARD PLOMBIÈRE DE LA CHINE.

Cette espèce, dont l'origine est inconnue, et qu'on élève en domesticité depuis plusieurs années en Hollande, est remarquable par la beauté de son plumage, qui ne le cède qu'à celle du précédent.

CANARD DE BAHAMA. (ANAS BAHAMENSIS.)

Allemand : *Die Bahama Ente.* — Anglais : *The Bahama Duck.* — Espagnol : *El Anade bahamense.* — Italien : *L'Anitra di Bahama.*

Cet oiseau se trouve dans l'Amérique centrale, aux Antilles, et surtout dans l'île de Bahama, d'où il tire son nom.

CANARD DOMESTIQUE. (ANAS BOSCHAS.)

Allemand : *Die gemeine Ente.* — Anglais : *The common Duck.* — Espagnol : *El Anade comun ó El Pato.* — Italien : *L'Anitra cesone.*

Le canard domestique et ses nombreuses variétés proviennent du canard sauvage réduit en domesticité depuis les temps les plus reculés.

La portion de l'espèce restée libre est répandue dans le nord des deux continents, où elle passe l'été et où elle niche. Aux approches de l'hiver, les canards sauvages quittent les régions glacées et gagnent, par bandes innombrables, des climats plus doux, et vers le printemps, ils repartent et retournent dans leurs solitudes du Nord. Quelques paires, cependant, restent parmi nous pendant l'été et s'y reproduisent.

Ces oiseaux vivent habituellement en société; mais au printemps les bandes se divisent par couples. A terre, leur démarche est lente et des plus disgracieuses; sur l'eau, au contraire, ils nagent et plongent avec une aisance et une facilité admirables. Leur nourriture consiste en petits poissons, insectes aquatiques, grenouilles, lézards, et aussi en racines et en graines de plantes marécageuses.

La femelle place, ordinairement dans quelque touffe de joncs isolée au milieu d'un étang et parfois au sommet d'arbres très-élevés, son nid qu'elle façonne avec soin et qu'elle garnit de duvet. La ponte est de douze à quinze œufs obtus, sphéroïdaux, à coquille dure, d'un blanc verdâtre et dont le jaune tire sur le rouge.

Quoique d'un naturel extrêmement défiant et sauvage, ces oiseaux s'apprivoisent facilement. Ceux qui proviennent d'œufs de cane sauvage couvés par une poule s'élèvent sans difficulté et, après la première ponte, perdent pour toujours l'idée de reprendre leur liberté.

Le canard sauvage est un gibier excellent; il en est de même du canard domestique que l'on élève partout, surtout dans les contrées où l'eau est abondante.

Les variétés les plus remarquables du canard domestique que possède le Jardin sont :

1. **Le Canard de Rouen,** remarquable par son volume et la délicatesse de sa chair ;
2. — **de Hollande,** qui paraît ne lui céder en rien ;
3. — **d'Aylesbury,** le plus estimé en Angleterre ;
4. — **polonais ordinaire ;**
5. — **polonais huppé ;**
6. — **mignon blanc ;**
7. — — **gris ;**
8. — **sabreur ;**
9. — **pingouin,** ainsi nommé à cause de ses longues jambes et de la brièveté de ses ailes ;
10. — **blanc huppé ;**
11. — **Labrador,** remarquable par sa belle couleur à reflets cuivrés.

CANARD DE BARBARIE. (ANAS MOSCHATA.)

Allemand : *Die turkische Ente.* — Anglais : *The Muscovy Duck.* — Espagnol : *El Anade de Berberia.* — Italien : *L'Anitra muschiata.*

Ce canard, beaucoup plus grand que le canard domestique, dont il diffère encore par d'autres caractères, s'appelle aussi *Canard musqué*, à cause de l'odeur de musc que répand sa chair, surtout à l'état sauvage. Il est originaire de l'Amérique du Sud, d'où il a été apporté par les Espagnols en Europe, où il est devenu entièrement domestique.

Ces oiseaux perchent sur des arbres, même très-élevés,

qui bordent les rivières et les marécages, et font leur nid dans les troncs pourris. La ponte est de douze à quinze œufs arrondis et d'un blanc verdâtre.

La domesticité a terni l'éclat des couleurs du canard de Barbarie et a changé ses habitudes; la femelle pond et couve partout comme la cane ordinaire.

Le croisement de cette espèce avec nos races domestiques donne des métis féconds.

V. RUDIPENNES.

AUTRUCHE D'AFRIQUE. (STRUTHIO CAMELUS.)

Allemand : *Der Strauss.* — Anglais : *The Ostrich.* — Espagnol : *El Avestru.* — Italien : *Il Struzzo.*

Données par MM. Dursus, Suquet, le colonel de Colomb et le général Khérédine.

L'autruche, le plus grand des oiseaux connus, a pour patrie l'Afrique et quelques contrées de l'Asie en deçà du Gange.

Elle vit en petites troupes, composées d'un mâle et de plusieurs femelles, dans les lieux plats et découverts. Elle se nourrit d'herbes, d'insectes et de graines de toutes sortes. Elle ne vole pas; ses ailes, formées de plumes minces et flexibles, sont trop faibles pour la soutenir en l'air; mais, en revanche, elle court avec une vitesse extrême. Elle a dans les pieds une force très-grande, et c'est son seul moyen de défense lorsqu'elle est poussée à bout.

La femelle pond, dans les lieux sablonneux et dans une simple excavation faite dans le sol, de quinze à vingt-cinq œufs très-gros, d'un blanc jaunâtre et à coque très-solide, que le mâle et la femelle couvent alternativement.

Les mœurs et le caractère de l'autruche sont des plus paisibles; mais son intelligence paraît être extrêmement bornée. Quoique d'un naturel craintif et très-défiant, elle s'apprivoise avec beaucoup de facilité, et on assure que les habitants du Dora et de la Libye en ont des troupeaux dont ils exploitent les plumes.

Ces plumes, celles de la queue et des ailes surtout, sont depuis longtemps l'objet d'un commerce considérable avec le nord de l'Afrique.

La chair de cet oiseau, sans être délicate, est très-bonne à manger; sa graisse sert à plusieurs usages chez les peuples d'Afrique. Enfin ses œufs, d'un volume qui égale vingt et un de ceux de nos poules, s'emploient aux mêmes usages que ces derniers.

Les avantages qu'on peut retirer de l'autruche avaient depuis longtemps fait naître la pensée de la rendre domestique. Après plusieurs tentatives infructueuses, la question paraît aujourd'hui complétement résolue. A l'aide de quelques précautions des plus simples, M. Hardy, à Alger, M. le prince Demidoff, à San-Donato, et M. Barthélemy de la Pommeraye, à Marseille, sont parvenus à faire couver régulièrement l'autruche captive et à élever ses petits. Le nombre des jeunes individus ainsi obtenus est déjà assez considérable et parmi ceux que possède le Jardin deux sont nés à Marseille, et ne diffèrent en rien de tous les autres, d'origine exotique.

NANDOU. (Rhea americana.)

Allemand : *Der Nandu.* — Anglais : *The Rhea.* — Espagnol : *El Nandú.* Italien : *La Nandu americana.*

Donné par M. le comte d'Éprémesnil.

Le nandou, appelé encore *autruche d'Amérique,* sensiblement plus petit que l'espèce précédente, en diffère encore parce qu'il a au pied trois doigts au lieu de deux.

Cette espèce, propre à l'Amérique méridionale, se trouve depuis le Brésil jusqu'en Patagonie, et abonde surtout dans les républiques Argentine et de l'Uruguay.

Elle vit par bandes qui ne se mêlent jamais entre elles, et composées de dix à quinze femelles conduites par un mâle, dans les régions complétement découvertes; car elle ne pénètre jamais dans les bois, même lorsqu'elle est poursuivie.

Sa nourriture se compose principalement d'insectes et surtout d'une petite espèce de sauterelle très-abondante dans ces contrées, de vers, de mollusques terrestres, d'herbes de diverses sortes, de graines et parfois de petits reptiles et de petits rongeurs.

De même que l'autruche, le nandou ne vole pas; mais il court avec une extrême rapidité, en faisant des voltes fréquentes qui rendent sa poursuite très-difficile.

La femelle pond, dans un trou large et peu profond qu'elle creuse dans la terre, une vingtaine d'œufs, un peu plus petits que ceux de l'autruche, d'un blanc jaunâtre, à coquille dure, lisse et polie, que le mâle couve avec elle.

Le nandou est doué du naturel le plus doux et le plus timide, et, dans les lieux où on ne le tourmente pas, il ne témoigne aucune crainte à la vue de l'homme et des animaux domestiques. Pris jeune, cet oiseau s'élève avec la plus grande facilité, si toutefois on a soin de ne pas l'enfermer. Il devient familier et ne s'éloigne guère de la maison où il revient toujours pour passer la nuit.

L'abondance et la bonté des œufs du nandou, ses plumes, dites *plumes de vautour*, et enfin sa chair qui, sans être très-délicate, est saine et nourrissante, font vivement désirer que l'on puisse l'acclimater et le propager parmi nous.

DROMÉE ou CASOAR DE LA NOUVELLE-HOLLANDE.

(DROMAIUS NOVÆ-HOLLANDIÆ.)

Allemand : *Der Emu.* — Anglais : *The New-Holland Cassawary.* — Espagnol : *El Casoario de la Nueva-Hollanda.* — Italien : *Il Dromeo di Nova-Hollanda.*

L'un des couples est un don de M. le comte Montalembert d'Essé.

Cet oiseau, un peu plus petit que ceux dont nous venons de parler, et connu aussi sous le nom d'*Émou*, est propre à la Nouvelle-Hollande et aux îles environnantes. Autrefois très-commun sur les côtes, on ne le trouve guère aujourd'hui qu'au-delà des montagnes Bleues.

Les casoars vivent en troupes nombreuses dans les plaines

et sur les rivages sablonneux. Ils se nourrissent de fruits et d'herbages. Comme l'autruche, la petitesse de leurs ailes les empêche de voler, mais ils courent avec une extrême vitesse.

La chair de cet animal, comparable pour le goût à celle du bœuf, est très recherchée par les habitants de l'Australie. Ses œufs, dont le volume égale celui de douze œufs de poule, sont d'un vert brillant, à coque épaisse, rugueuse et comme chagrinée; ils sont très-délicats et d'un goût exquis. Sa peau, enfin, est recouverte d'une sorte de fourrure, dont on fait des tapis précieux, et de plumes fort recherchées pour la parure des dames.

Cet oiseau, introduit depuis assez longtemps en Angleterre et ensuite en France, y vivait très-bien en captivité, mais ne se reproduisait pas. M. Florent Prévost, après plusieurs tentatives infructueuses, réussit en 1851 à faire pondre les femelles qu'il possédait. Elles lui donnèrent un certain nombre d'œufs qui, couvés par le mâle, produisirent trois petits qui s'élevèrent et vécurent parfaitement bien. L'année suivante, il obtint encore un petit très vigoureux qu'on a vu longtemps à la ménagerie du Muséum.

Les deux femelles que possède le Jardin ont pondu, à plusieurs reprises, un assez grand nombre d'œufs qui malheureusement étaient inféconds.

On voit que l'acclimatation de ce précieux oiseau ne présente pas de bien grandes difficultés; il suffirait, suivant M. Florent Prévost, d'en placer quelques couples dans les parcs et de les y laisser libres pour les voir s'y multiplier.

POISSONS,

CRUSTACÉS, MOLLUSQUES, ETC.

AQUARIUM

Les mœurs et les habitudes des nombreux animaux qui vivent exclusivement au sein des eaux douces ou dans la profondeur des mers, ont été jusqu'ici peu connues, à cause de la difficulté, et même, pour un très grand nombre d'entre eux, de l'impossibilité de les étudier au fond des abîmes qu'ils habitent. L'aquarium, le premier qu'on ait vu en France établi sur une grande échelle et qui surpasse, sous plusieurs rapports, celui qu'on admire à Londres depuis plusieurs années, rendra facile à l'avenir cette étude intéressante, et permettra à la science de compléter ses observations sur une foule d'êtres dont aujourd'hui elle ne sait presque que les noms.

L'appareil du Jardin se compose de compartiments (bacs), en forme de carrés allongés, placés les uns à la suite des autres. Des parois de ces bacs, quatre sont en ardoise et la cinquième, celle du devant, formée d'une glace épaisse et parfaitement pure, permet de voir tout l'intérieur. Le sixième côté n'est pas fermé et reçoit la lumière qui vient d'en haut, et qui produit un effet d'optique très remarquable : la surface de l'eau fait exactement l'effet d'un miroir qui reproduit tout l'intérieur du bassin, de façon à représenter une véritable caverne marine. Des fragments de roche arrangés d'une manière pittoresque, du sable et quelques végétaux aquatiques garnissent le fond de ces bacs, dans lesquels un appareil fort ingénieux, construit derrière le bâtiment, entretient un courant continuel d'eau douce pour les uns et salée pour les autres.

Les plantes qui végètent dans les bassins ne servent pas seulement, comme on pourrait le croire au premier abord, à l'ornementation, elles sont destinées à l'alimentation des poissons herbivores et surtout à entretenir l'eau dans un état de pureté convenable à la vie de ses habitants, en absorbant le gaz acide carbonique qu'ils produisent constamment par l'acte de la respiration, et en le transformant en oxygène sans lequel ils ne pourraient vivre.

Les végétaux que l'on voit dans les bacs d'eau douce, sont la Cornifle, la Macre ou Chataigne d'eau, le Volant d'eau, le Rossolis armé de poils irritables qui se contractent au moindre contact et donnent la mort aux mouches et autres insectes au profit de l'alimentation des poissons, la Vallisniérie spirale, etc. Ceux des bacs d'eau de mer consistent en Algues de formes et de couleurs diverses.

Les compartiments ou bacs sont au nombre de quatorze, dont les quatre premiers contiennent de l'eau douce et sont consacrés aux poissons et autres animaux qui vivent dans ce liquide : les dix autres remplis d'eau de mer, amenée à grands frais, sont destinés à ceux qui ne vivent que dans l'eau salée.

Chaque bassin est en principe destiné à certaines espèces de poissons ou d'animaux aquatiques ; mais suivant leur volume, leur nombre et leurs mœurs, on est souvent obligé de faire des changements pour les entretenir dans de bonnes conditions; c'est ce qui fait qu'on trouvera souvent dans un bac des individus qui appartiennent à un autre. De plus, comme les compartiments n'en peuvent contenir qu'un nombre très limité, et comme il rentre dans l'esprit de l'institution de l'aquarium de faire passer sous les yeux des curieux le plus grand nombre possible d'êtres aquatiques, on ne devra pas être surpris de voir, à toutes les saisons, changer les animaux des bacs.

On comprend d'après cela qu'il n'est guère possible de donner ici une liste complète et toujours exacte de ces animaux ; aussi nous bornerons-nous à signaler les plus intéressants et les plus constants.

Les bacs n° 1, 2, 3 et 4 (en entrant par la porte de droite) contiennent : le SAUMON, diverses espèces de TRUITES, de nos eaux douces et des lacs de Suisse et d'Afrique, l'OMBRE COMMUNE et l'OMBRE CHEVALIER, le CHABOT, l'ÉPINOCHE, très-petit poisson, remarquable par le nid qu'il fait pour ses œufs avec des plantes aquatiques, le BROCHET, la PERCHE, l'ANGUILLE, la LOTTE, la LOCHE, la LAMPROIE, le GOUJON, la BRÊME, le BARBILLON ou BARBEAU, l'ABLETTE, etc.

Le Bac n° 4 contient entre autres : la CARPE, la CARPE A MIROIR, la TANCHE, le CYPRIN DORÉ, originaire de la Chine, le MEUNIER, la CAROUGE, etc.

On voit encore dans ces premiers compartiments des crustacés d'eau douce, tels que l'ÉCREVISSE DE RIVIÈRE, le THÉLÉPHUSE FLUVIATILE, sorte de petit crabe et plusieurs espèces de mollusques, entre autres : la MULETTE ou MOULE D'EAU DOUCE, la MULETTE MARGARITIFÈRE qui produit de petites perles; plusieurs espèces d'ANODONTES ou MOULES DES ÉTANGS, la DREYSSÈNE POLYMORPHE, la CYCLADE CORNÉE, plusieurs espèces de LYMNÉES, des PLANORBES, des PALUDINES, la NÉRITE D'EAU DOUCE, etc. Enfin on y remarque encore l'HYDRE D'EAU DOUCE, sorte de polype, des PLUMATELLES et des ALCYONELLES, qui ressemblent à des polypes, mais qui en diffèrent par les branchies qui entourent la bouche.

Les n°s 5 et 6 sont consacrés principalement aux ACTINIES, êtres singuliers, formés d'un corps cylindrique, charnu et contractile, fixés ordinairement par leur base aux rochers, mais cependant susceptibles de locomotion, et terminés à l'autre extrémité libre par un orifice (bouche) entouré de tentacules plus ou moins nombreuses et plus ou moins déliées, suivant les espèces, qui ont l'aspect des pétales de certaines fleurs rayonnées. Cette conformation, la beauté et la diversité des couleurs de ces animaux les ont fait comparer à des fleurs et leur ont valu les noms d'ANÉMONES, d'ŒILLETS DE MER, etc.

Les espèces principales que présentent ces bacs sont : l'ACTINIE A GROSSES TENTACULES, de couleur variant du cramoisi au jaune; l'ACTINIE POURPRE, variée de blanc et de rouge; l'ACTINIE ROUSSE, dont la coloration varie à l'infini; l'ACTINIE PLUMEUSE, blanche et à tentacules très-nombreux et très-fins;

l'ACTINIE JUDAÏQUE, OU ŒILLET DE MER ; l'ACTINIE ESCULENTE qui se mange en Provence.

Outre ces animaux, on voit encore plusieurs espèces de MÉDUSES OU ORTIES DE MER, formées d'un disque plus ou moins bombé, demi-tranparent, sous lequel flottent des appendices qui sécrètent une matière âcre qui fait, sur la peau, l'effet de l'ortie.

Le n° 7 contient des ECHINODERMES, animaux rayonnés à peau dure ou pourvus de pièces calcaires. On distingue parmi eux : Les HOLOTHURIES OU CONCOMBRES DE MER dont les couleurs sont très-belles et très-variées chez certaines espèces ; l'une d'elles, le TRIPANGS, est un aliment très-recherché des Chinois ; les OURSINS OU CHATAIGNES DE MER, dont le corps globuleux est recouvert de piquants durs et mobiles qui sont les organes de la locomotion ; l'OURSIN COMESTIBLE est très-recherché comme aliment ; les ASTÉRIES OU ÉTOILES DE MER dont le corps est formé de rayons plus ou moins nombreux partant d'un centre commun, où se trouve la bouche ; l'ASTÉRIE ROUGE est très-commune sur nos côtes.

Le n° 8 est destiné aux ANNÉLIDES MARINES et aux POLYPIERS. Les annélides sont des sortes de vers dont le corps long et mou est divisé en anneaux nombreux, nu et mobile chez les uns, et entouré d'un tube calcaire et immobile chez les autres. Parmi les premières, on distingue la NÉRÉIDE qui file un léger tissu de soie dans les creux de rocher ou dans les trous en terre, et l'ARÉNICOLE qui sert d'appat aux pêcheurs. Parmi les secondes nous citerons : la SERPULE TRIQUÈTRE et la SERPULE CONTOURNÉE dont la partie supérieure est terminée par des branchies de couleurs variées et formant des panaches, ou une sorte de corolle.

Les Polypiers sont composés de deux parties distinctes : d'un axe plein, corné ou pierreux, et d'une enveloppe corticale organisée, contenant les polypes, qui ressemblent à de petites actinies. L'axe plus ou moins rameux et les polypes, dont les couleurs varient, donnent à ces êtres singuliers l'aspect d'une plante, ce qui les a fait nommer ZOOPHYTES ou animaux-plantes. Parmi les plus remarquables espèces nous citerons : le CORAIL qui est l'objet d'un commerce assez important : les

CARYOPHYLLÉES qui ont tout à fait l'aspect d'une plante ; les ASTRIES, qui ont la forme de feuilles ; les SERTULAIRES à polypier corné ; les VÉRÉTILLES, dont la tige charnue est libre, et enfin les ÉPONGES dont l'usage est connu de tout le monde.

Les n° 9 et 10 renferment les CRUSTACÉS, animaux d'une forme bizarre et dont le corps est recouvert entièrement d'une carapace calcaire. Les principales espèces de cette famille sont : le CRABE ÉTRILLE, le CRABE ENRAGÉ, le TOURTEAU, tous bons à manger ; le CRABE MAYA l'un des plus grand de nos mers ; le PAGURE BERNARD L'HERMITE qui, pour garantir la partie postérieure de son corps dépourvue de carapace, de la voracité des autres animaux et des injures des corps environnants, s'empare d'une coquille vide, s'y loge et la traîne partout avec lui. Cette coquille supporte très souvent l'ACTINIE PARASITE que le pagure transporte ainsi partout où il va pour chercher sa proie ; la LANGOUSTE dont la carapace rougeâtre est hérissée de pointes dures ; le HOMARD dont la forme est la même que celle de l'écrevisse, mais qui est beaucoup plus grand ; les CREVETTES ou CHEVRETTES dont le corps transparent permet de suivre de l'œil les phénomènes de la circulation ; les principales espèces de ces dernières sont : le PALÉMON A DENTS DE SCIE, le plus grand du genre ; le PALÉMON COMMUN, de moitié plus petit et le CRANGON VULGAIRE qui abonde sur nos côtes ; enfin les SQUILLES qui rappellent, pour la forme, les insectes connus sous le nom de MANTES.

Le n° 11 est consacré aux MOLLUSQUES ACÉPHALES A DEUX VALVES et aux GASTÉROPODES. Parmi les premiers on distingue : l'HUITRE COMESTIBLE, les PEIGNES, les MOULES, les AVICULES ou ARONDES PERLIÈRES, qui secrètent les perles, les JAMBONNEAUX qui fournissent le bissus, sorte de poils fins et brillants dont on peut fabriquer des étoffes ; le TARET qui perfore le bois et s'y creuse de longues galeries et les PHOLADES qui percent les pierres les plus dures. Parmi les seconds on remarque : les PORCELAINES, les CASQUES, les CÔNES, les HALIOTIDES OU OREILLES DE MER, les PATELLES, les SABOTS, les ROCHERS, les NASSES et la NÉRITE LITTORALE.

Le n° 12 contient d'autres mollusques, GASTÉROPODES et ACÉPHALOPODES ; tels que, pour les premiers : l'APLYSIE ou

LIÈVRE MARIN dont le corps ressemble à une grosse limace, et les EOLIDES qui vivent sur le sable ou fixées aux algues, et dont le corps a l'apparence d'une feuille de choux frisé. Parmi les acéphalopodes on remarque : la SEICHE OFFICINALE dont la coquille cachée sous la peau est appelée *Biscuit de mer* et qui sécrète une liqueur noire que l'animal lâche pour troubler l'eau lorsqu'il est poursuivi; le POULPE qui a la forme d'une boule surmontée de huit grands bras ; le CALMAR ou ENCORNET que l'on mange sur les côtes et qui sert d'appât aux pêcheurs. Les MOLLUSQUES PTÉROPODES sont représentés dans ce bassin par l'HYALE qui vit dans la Méditerranée. Enfin on y voit encore quelques animaux très-curieux, voisins des mollusques, tels que: les BIPHORES, dont le corps gélatineux et transparent se détruit au moindre contact; les ASCIDIES qui vivent en familles et dont le corps très-simple représente un tube ouvert aux deux bouts ; les ANATIFES qui se fixent à la quille des navires, et les BALANES.

Les n° 13 et 14 sont destinés aux poissons de mer proprement dits. On y trouve : le SYNGNATE-TROMPETTE dont le corps allongé est recouvert d'une cuirasse formée de plusieurs pièces accolées; l'HIPPOCAMPE OU CHEVAL MARIN qui ressemble à un cheval sans pieds dont le corps finirait en queue de poisson; l'AMMODYTE qui se tient habituellement dans le sable; l'URANOSCOPE-RAT qui s'enfonce dans le sable et agite les barbillons qui garnissent ses lèvres pour amorcer sa proie; la VIVE dont la nageoire dorsale est armée d'aiguillons qui font des blessures dangereuses ; la BLENNIE VIVIPARE ; l'EPINOCHE A QUINZE ÉPINES ; le MULLE ROUGET très-estimé des anciens romains et le MULLE SURMULET qui vit par bandes; enfin la famille des PLEURONECTES, poissons applatis dont les deux yeux sont placés à côté l'un de l'autre d'un même côté de la tête, et qui se tiennent habituellement cachés dans le sable en ne laissant dehors que les yeux, est représentée par le TURBOT, la SOLE, la LIMANDE, le CARRELET, etc.

Dans les deux vestibules qui précèdent l'aquarium, sont installés des appareils de pisciculture, où, dans la saison convenable, on peut suivre toutes les phases de l'éclosion et du développement des poissons.

INSECTES

I. LÉPIDOPTÈRES.

VER A SOIE ORDINAIRE. (BOMBYX MORI.)

Allemand : *Der Seidenwurm.* — Anglais : *The Silkworm.* — Espagnol : *El Gusano de seda.* — Italien : *Il Baco da seta.*

Le ver à soie ordinaire, larve (chenille) d'un lépidoptère nocturne, est originaire de la Chine et des parties méridionales de l'Asie, et vit exclusivement sur le mûrier.

C'est au sixième siècle que deux moines apportèrent cet insecte du fond de l'Asie à Constantinople, d'où les Maures l'importèrent sur les côtes d'Afrique et en Espagne, vers le neuvième siècle. Roger, roi de Sicile, l'introduisit, au douzième siècle, dans son royaume ainsi que l'arbre qui lui servait de nourriture. Depuis, la culture du mûrier se propagea en Italie, et au commencement du quatorzième siècle, le pape Clément V l'apporta à Avignon. Sous Henri IV, Sully établit une magnanerie dans le Jardin des Tuileries. Depuis lors, l'éducation du ver à soie s'est propagée dans toutes les contrées tempérées de l'Europe, pour plusieurs desquelles elle est, aujourd'hui, une source de richesses.

La soie était connue des Romains, qui la tiraient de l'Inde; mais elle était fort rare et se payait au poids de l'or.

Le ver à soie, devenu entièrement domestique, même dans les pays d'où il est originaire, s'élève dans des établissements qu'on appelle *Magnaneries*. Les œufs éclosent au printemps. Après quatre changements de peau, les chenilles se filent un cocon où elles se renferment pour se transformer en chrysalides, et d'où elles sortent à l'état d'insectes parfaits ou de papillons qui, à leur tour, donnent de nouveaux œufs. La soie n'est autre chose que les fils qui forment ces cocons.

VER A SOIE DE L'AILANTE. (Bombyx cynthia vera.)

Cette espèce est indigène des régions tempérées de la Chine, où elle vit sur l'ailante glanduleux et sur plusieurs autres végétaux: car elle n'est pas exclusive comme le ver à soie ordinaire. Elle est cultivée depuis très-longtemps à l'air libre par les Chinois et produit des cocons allongés d'une couleur rougeâtre qui fournissent une sorte de bourre de soie dont on fait des tissus très forts et presque inusables, nommé *Siao-Kien*.

Ce ver à soie a été introduit, pour la première fois, en Europe par le P. Fantoni, en 1857, et en France, en 1858, par M. Guérin-Méneville, qui est parvenu à le faire reproduire parmi nous. Les premières éducations sont dues à Mme Drouyn de Lhuis, à M. Année et à M. Vallée. Depuis lors, la première éducation industrielle de ce précieux insecte a été faite par M. le comte de Lamotte-Baracé qui l'a répétée deux fois, avec un plein succès, à son château de Coudray, près de Chinon. Enfin M. Guérin-Meneville, avec le patronage de S. M. l'Empereur, a répété ces expériences sur une grande échelle, avec un succès d'autant plus complet que depuis M. Forgemole est parvenu à dévider les cocons de cette espèce comme ceux du ver à soie ordinaire, ce qui donne à cette soie une plus grande valeur industrielle.

VER A SOIE DU RICIN. (Bombyx arrindia.)

Propre au Bengale et à une grande partie de l'Inde anglaise, il vit à l'état sauvage et domestique sur le ricin commun, et sur plusieurs autres végétaux. Son introduction en Europe, est due à M. Piddington qui est parvenu à faire arriver à Malte, il y a quelques années, un certain nombre de cocons vivants. M. William Reid, à qui ils furent remis, obtint une éducation complète des jeunes vers. De Malte, cet insecte fut envoyé en Italie à M. Baruffi, qui en fit don à la Société impériale zoologique d'acclimatation. Confiés à M. Guérin-Méneville et à M. Vallée, ces insectes réussirent parfaitement et donnèrent un grand nombre d'œufs qui furent distribués en France et à l'étranger.

Introduit aux îles Canaries, par M. le comte de la Véga, ce ver à soie a produit près de cinquante kilogrammes de cocons. M. Hardy à Alger, M. Brunet au Brésil et M. Mayer au Rio de la Plata, lieux où le ricin croît spontanément, ont complétement réussi dans les expériences qu'ils ont entreprises sur cette espèce remarquable.

Les cocons de ce ver fournissent une bourre que l'on file comme de la filoselle, et dont on fait des tissus peu brillants, mais d'une grande souplesse et d'un très-bon usage. Il est probable que le procédé de M. Forgemolle pourra aussi leur être appliqué et qu'on parviendra à en obtenir de la soie grége.

VER A SOIE DU CHÊNE. (Bombyx pernyi.)

Cette espèce vit à l'état sauvage, sur certains chênes, et est cultivée dans les parties froides de la Chine, principalement dans la Mandchourie. Elle a été envoyée, il y a environ dix ans, pour la première fois à Lyon, par le P. Perny évêque de Canton et par M. de Montigny.

La Société d'acclimatation possède, grâce au même M. de Montigny, les chênes sur lesquels cet insecte se nourrit en Chine.

VER A SOIE TUSSAH. (Bombyx milita.)

Ce ver à soie, qu'il serait tant à désirer de voir s'acclimater dans nos contrées, vit sauvage au Bengale et dans toutes les parties chaudes de l'Inde, dans les bois où les habitants vont recueillir ses cocons, remarquables par leur volume et leur forme ovoïde. La nourriture qu'il paraît préférer sont les feuilles du jujubier indien (*zyziphus jujuba*), mais il mange aussi d'autres végétaux.

C'est en 1829 que M. Lamarre-Picquot envoya en France les premiers cocons de ce magnifique lépidoptère. Depuis, en 1856, M. Perrotet a fait plusieurs envois de cocons vivants. Les vers furent nourris avec les feuilles du chêne commun et produisirent des cocons; mais malheureusement la reproduction n'a pu avoir lieu.

Le cocon de ce ver à soie produit une soie grége, très-belle et très-forte qui, dans l'Inde, porte le nom de *Tussah* et dont on fait une foule d'étoffes solides et très-brillantes; elle entre dans la fabrication des foulards nommés *Coruhs*, et on en importe en Europe des quantités considérables.

VER A SOIE CECROPIA. (Bombyx oecropia.)

Cette espèce, propre aux régions tempérées de l'Amérique du Nord, se trouve principalement dans les Carolines, la Louisiane et la Virginie. Elle vit sauvage sur l'orme, le saule et plusieurs autres arbres. Elle fait un gros cocon, à tissu lâche, formé d'une soie assez grossière et comparable à celle du grand-paon. Ce sont MM. Audouin et Lucas qui, en 1840, firent connaître ce ver. Depuis cette époque, la Société impériale zoologique d'acclimatation a reçu deux envois de ces cocons. Le premier ne donna aucun résultat. Le second a produit, grâce aux soins de M. Vallée, des vers qui se sont parfaitement développés et ont donné de très-beaux cocons.

VER A SOIE SAUVAGE DU JAPON. (Bombyx yama-maï.)

Sous la simple dénomination de vers sauvages, *yama-maï*, M. Duchesne de Bellecourt, consul de France à Yédo, a envoyé une certaine quantité de graines d'un ver à soie inconnu jusqu'ici. Ces graines, remises à M. Vallée, ont donné des vers qui refusèrent toute espèce de nourriture excepté les feuilles du chêne cuspidé, et que l'on continua ensuite à nourrir avec celles de plusieurs autres espèces du même genre. Cette chenille ne paraît pas avoir besoin d'une grande chaleur, et s'est montrée vigoureuse et facile à élever; son cocon, d'un jaune verdâtre, est construit comme ceux du ver à soie ordinaire et peut se dévider en belle soie grége.

II. HYMÉNOPTÈRES.

ABEILLE MELLIFIQUE. (Apis mellifica.)

Allemand : *Die Honigbiene.* — Anglais : *The Honey-bee.* — Espagnol : *La Aveja.* — Italien : *L'Ape.*

Ce précieux insecte est propre à l'Europe et au nord de l'Afrique. Il existe aussi en Amérique, mais il y a été importé d'Europe. Réduit en une sorte de domesticité depuis des temps très-reculés, on le trouve encore à l'état sauvage dans nos grandes forêts, où il vit en sociétés nombreuses dans les arbres creux et dans les anfractuosités des rochers. A l'état domestique, il habite des demeures préparées pour lui, et qu'on appelle *ruches*.

Les sociétés ou colonies que forment les abeilles sont composées de trois sortes d'individus : les mâles nommés *faux-bourdons*, au nombre de quelques centaines; une femelle appelée *reine*, et les *neutres* ou ouvrières, dont le nombre varie suivant l'importance de la ruche et s'élève souvent à plusieurs milliers. La reine, toujours unique dans chaque colonie, suffit à la reproduction. Elle est l'objet des soins des ouvrières, qui l'accompagnent partout et la nourrissent avec la plus grande sollicitude. Les faux-bourdons ne servent qu'à féconder la femelle unique, et meurent après avoir rempli leur mission. Les ouvrières, enfin, sont chargées de tous les travaux de la ruche, construisent les rayons, recueillent le miel dont elles les remplissent, et nourrissent les jeunes larves. Ces dernières, arrivées à l'état d'insectes parfaits, quittent la ruche et vont, sous la conduite d'une reine née avec elles, former une nouvelle colonie. C'est ce qu'on appelle un *essaim*, que l'on recueille et que l'on place dans une autre ruche, où il s'installe aussitôt. Chaque ruche donne deux ou trois essaims par an.

Le miel et la cire produits par ces insectes sont l'objet d'un commerce fort important dans plusieurs de nos départements.

ABEILLE JAUNE DES ALPES. (Apis ligustica.)

Cette espèce, qui ne diffère guère de la précédente que par la couleur jaune des anneaux supérieurs de l'abdomen, dont l'extrémité est aussi plus pointue, se trouve dans les Alpes suisses et italiennes, en Lombardie, et abonde surtout dans la Valteline. Depuis quelques années, on s'occupe beaucoup de sa propagation en Allemagne, et on l'a même transportée aux États-Unis.

Cette abeille, dont le vol est moins bruyant que celui de la nôtre, est aussi plus douce, et passe pour butiner plus activement, et pour donner une plus grande proportion de miel.

VÉGÉTAUX

Comme le nombre de plantes utiles ou d'ornement que possède le Jardin, soit dans les serres, soit à l'air libre et disséminées sur tous les points de son étendue, est infiniment trop grand pour qu'il nous soit possible d'en donner l'énumération, et que d'ailleurs elles portent toutes une étiquette indiquant leur nom et leur patrie, nous nous bornerons à en signaler quelques-unes qui sont spécialement cultivées dans le Jardin d'essais et qui proviennent, pour la plupart, de graines ou de plants envoyés, des diverses parties du monde, à la Société Impériale zoologique d'acclimatation.

Les plus remarquables sont :

Le SORGHO SUCRÉ (*Holcus saccharatus*), originaire de la Chine, déjà bien connu aujourd'hui et remarquable par le sucre qu'il donne, l'alcool qu'on retire de son suc fermenté et le fourrage qu'il fournit aux bestiaux.

Le MIL DE QUITO OU QUINOA (*Chenopodium quinoa*), plante herbacée de la Cordillière des Andes, cultivée dans le Haut-Pérou et dont les graines farineuses, dépouillées de leur enveloppe comme le riz, servent à la nourriture de l'homme et des oiseaux de basse-cour. Les feuilles tendres se mangent comme les épinards et fournissent un fourrage très-recherché par le bétail.

Diverses variétés de POMMES DE TERRE (*Solanum tuberosum*). Parmi celles qui ont été expérimentées et qui provenaient de l'Australie, de la Bolivie et du Pérou, huit se sont trouvées excellentes, de formes et de couleurs variées, d'un très bon rendement (plusieurs ont fourni des tubercules pesant plus de 500 grammes) et, avantage précieux s'il persiste, complètement exemptes de la maladie.

Plusieurs espèces de POIS et de HARICOTS, provenant de la Chine et du Japon d'un très-bon produit.

La TÉTRAGONE ÉTENDUE (*Tetragona expensa*), plante de la Nouvelle-Zélande qui fournit un excellent légume, analogue à l'épinard, ne monte pas en graine et végète avec d'autant plus de vigueur que la chaleur et la sécheresse sont plus grandes.

Plusieurs variétés de POTIRONS, GIRAUMONTS et CONCOMBRES de la Chine et du Japon qui ont fourni des produits excellents.

Un POTIRON du Pérou, cultivé dans toute l'Amérique espagnole, où il est connu sous le nom de *Zapallo*, qui est très-productif et dont la chair farineuse est très-recherchée.

La COURCOUZELLE ou COURGE D'ITALIE, espèce non traçante et dont les fruits se mangent aussitôt qu'ils sont formés et aussi lorsqu'ils sont arrivés à leur maturité.

Le CERFEUIL BULBEUX qui fournit des racines assez grosses, qui se mangent comme les pommes de terre, mais qui l'emportent sur elles par leur goût.

L'ORTIE COTONNEUSE (*Urtica nivea*), plante vivace de Chine, à feuilles blanches en dessous et produisant un bon effet dans les jardins. Les tiges fournissent une excellente filasse dont on fait des toiles nommées par les Anglais *Grass-cloth*.

La PYRÈTHRE DU CAUCASE dont les capitules des fleurs desséchées fournissent la meilleure poudre employée pour faire périr les insectes.

Le VERNIS DU JAPON (*Rhus vernicifera*), arbuste du Japon qui produit ce beau vernis employé à la Chine et au Japon. Cette plante, extrêmement rare en France, ne doit pas être confondue avec l'ailante auquel on donne vulgairement le même nom.

Le NERPRUN A TEINTURE (*Rhamnus utilis*), plante de la Chine, introduite depuis quelques années seulement en France, où elle prospère, et d'une grande importance industrielle, car elle donne la couleur verte dite *Lo-kao* ou *Vert de Chine* presque inaltérable à l'air et à la lumière.

L'ERABLE A SUCRE (*Acer saccharinum*), arbre de l'Amérique septentrionale et principalement du Canada, donné par M. de Montessui. La sève de cet arbre fournit une assez grande quantité de sucre cristallisable qu'emploient les habitants des pays où il croît. Son bois, très-recherché dans l'industrie, est regardé comme le meilleur pour le chauffage.

Le CHÊNE A FEUILLES DE CHATAIGNIER (*Quercus castaneifolia*), bel arbre de l'Asie centrale dont les feuilles nourrissent le ver à soie du chêne (*Bombyx pernyi*).

Dix variétés d'EUCALYPTUS dont les plus estimées sont : le *Globulus*, le *Corinocalyx*, l'*Odorata* et le *Robusta*. Ce sont de beaux arbres de l'Australie, d'une végétation rapide et dont le bois très-dur est recherché pour les constructions.

Le PALMIER ÉLEVÉ (*Chamærops excelsa*), plante de la Chine qui résiste à nos plus grands froids au moyen d'un léger abri et qui sera un bel ornement pour nos jardins.

TABLE ALPHABÉTIQUE DES MATIÈRES

FIN DE LA TABLE ALPHABÉTIQUE.

AVIS.

L'Administration du Jardin peut mettre à la disposition du public des œufs et des sujets des espèces et races de *faisans*, *colins*, *poules*, *pintades*, *dindes*, *oies*, *paons*, *canards*, *cygnes*, etc., dont on voit les spécimens dans les divers parquets et qui sont indiquées dans ce livret. S'adresser au bureau de la direction, à droite, en entrant par la porte des Sablons.

L'Administration peut aussi livrer les produits des mammifères.

Paris. — De Soye et Bouchet, imprimeurs, 2, place du Panthéon.

PLAN DU JARDIN ZOOLOGIQUE D

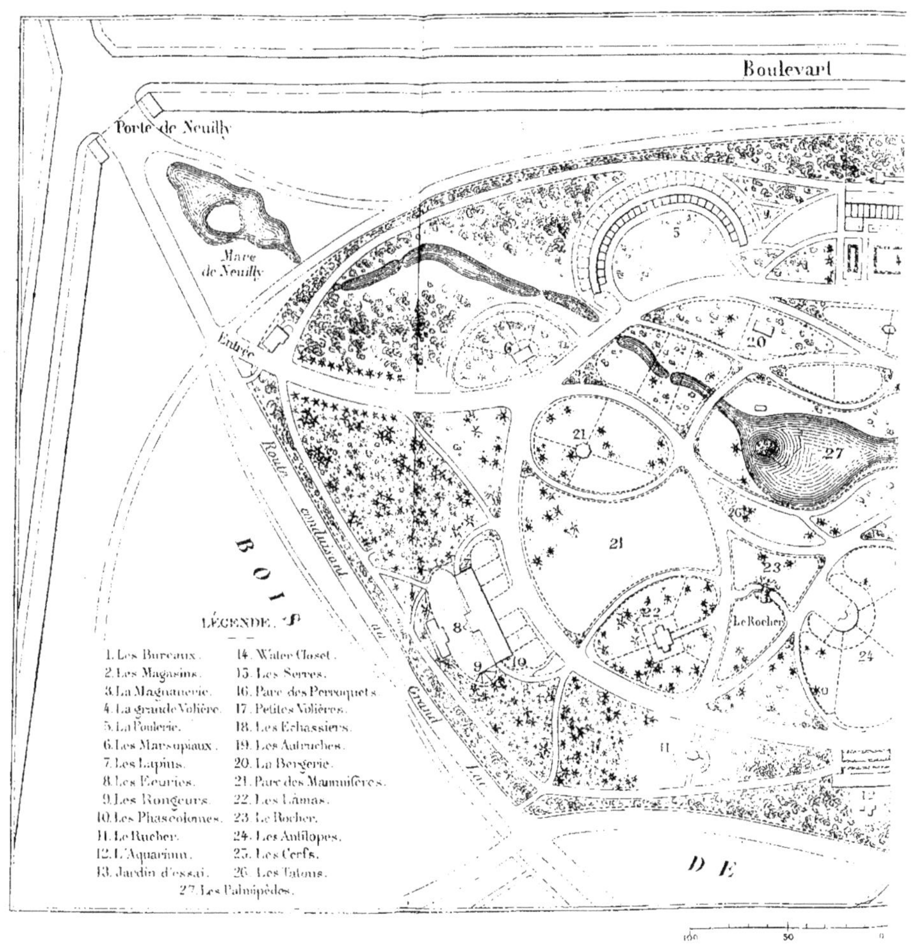

JARDIN ZOOLOGIQUE D'ACCLIMATATION

Entrées du Jardin.

1° Porte des Sablons, près de la porte Maillot et de l'avenue de l'Impératrice.

2° Porte de Neuilly, avenue de Neuilly.

Moyens de transport.

1° Le chemin de fer d'Auteuil, station de la porte Maillot et de l'avenue de l'Impératrice.

2° Les omnibus de Neuilly et de Courbevoie.

3° Les voitures de place et de remise, aux prix fixés par le tarif

Prix d'entrée.

En semaine.

Pour le Jardin zoologique et les serres, par personne. 1 fr. » c.

Les dimanches et jours de fête.

Pour le Jardin zoologique seulement .... » 50 c.
Supplément pour les serres....................... » 50 c.

Tous les jours.

Pour une voiture et sa livrée, non compris le droit d'entrée des personnes que contient la voiture....... 3 fr. » c.

Les personnes à cheval ne sont point admises à circuler dans le Jardin.

Réductions de prix pour les Lycées, Institutions, Pensions et Séminaires.

De 10 à 20 élèves.................................. 50 c.
Au-dessus de 20.................................... 25 c.

Entrées gratuites.

1° MM. les Actionnaires, qui doivent signer en passant au tourniquet, comme seul moyen de contrôle des entrées gratuites.

2° MM. les Membres de la Société impériale d'acclimatation, avec leurs cartes, dix fois par an, en outre des convocations générales.

3° Les enfants au-dessous de huit ans; chaque personne ne pouvant en introduire qu'un gratuitement.

Abonnements.

Une seule personne.......................... 25 fr. par an.
Deux personnes. .... 40 —
Trois personnes............................. 50 —

Pour une famille de plus de trois personnes, 5 fr. pour chaque personne au-delà des trois premières à ajouter au chiffre de 50 fr.

Abonnement des voitures : 60 fr. par an.

PARIS. — DE SOYE ET BOUCHET

www.ingramcontent.com/pod-product-compliance
Ingram Content Group UK Ltd.
Pitfield, Milton Keynes, MK11 3LW, UK
UKHW021100200726
13857UKWH00003B/1039

9 782013 615594